高等院校艺术设计类“十二五”规划教材

总主编　陈　健

LIVING SPACE DESIGN

居住空间设计

主　编　霍庆福　钱　靓
副主编　王　鹏　王志强　赵胜波　赵　冰

中国海洋大学出版社
·青岛·

图书在版编目（CIP）数据

居住空间设计 / 霍庆福， 钱靓主编. —青岛：中国海洋大学出版社， 2014.6

ISBN 978-7-5670-0689-8

Ⅰ. ①居… Ⅱ. ①霍… ②钱… Ⅲ. ①住宅—室内装饰设计—高等学校—教材 Ⅳ. ①TU241

中国版本图书馆CIP数据核字(2014)第140926号

出版发行	中国海洋大学出版社		
社　　址	青岛市香港东路23号	邮政编码	266071
出 版 人	杨立敏		
网　　址	http://www.ouc-press.com		
电子信箱	tushubianjibu@126.com		
订购电话	021-51085016		
责任编辑	滕俊平	电　　话	0532-85902342
印　　制	上海盛通时代印刷有限公司		
版　　次	2014年7月第1版		
印　　次	2014年7月第1次印刷		
成品尺寸	210 mm×270 mm		
印　　张	9		
字　　数	200千		
定　　价	48.00元		

前　言

居住空间设计是环境设计专业及艺术设计专业环境艺术设计方向岗位能力培养的职业能力核心课程之一，与居住空间设计师（家装设计师）职业岗位相对应。本书集理论与实践于一体，围绕居住空间设计的内容，以设计企业需求组织教学内容，为进行设计实务提供技能训练，为岗位需求提供职业能力，为培养高素质技能型人才提供保障。

本书基于社会发展与居住空间职业岗位和创新型、技能型人才需求，根据高等院校人才教学培养规律，由浅入深、由简单到复杂、由理论到实践，梳理教学内容，优化课程结构。以项目化、模块化、系统化课程体系为主导，以企业真实案例为途径，以提高学生职业岗位能力为目的，编写内容知识基本覆盖居住空间设计要求范围，符合认知规律与能力提高手段，以帮助从业者提高职业技能与专业素质。

本书从居住空间设计的概念、发展趋势等相关的理论知识入手，通过居住空间设计专项训练，系统地学习公共、私密、家务活动区域的设计原则和设计要点，并通过不同户型结构的居室设计原则、居室设计案例的解析，完成小户型公寓设计、中户型居室空间设计、大户型居室空间设计的实训训练。

本书是编者在总结多年教学经验和实践经验的基础上编写而成的。

居住空间设计是一门综合性较强的交叉性学科，需要的素材、资料、案例较多，信息量较大。本书在编写的过程中，得到社会多方面的大力支持，特别是一些设计公司的宝贵参考资料以及编写中注明或未注明参考资料的作者，在此一并表示真挚的谢意！

由于编者能力与水平有限，书中不足之处在所难免，恳请专家、从业者、同行与广大读者批评指正。

编　者

2014年2月

内容简介

一、教材适用范围

居住空间设计是环境设计专业及艺术设计专业环境艺术设计方向重要的专业岗位能力核心课程之一，是学生掌握居住空间相关设计的有效途径。课程以项目化教学为主导，以教学行动导向为依据，通过典型项目工作过程的强化训练与相关理论系统的梳理，激发学生的主动性和创造性。本教材适用于高等院校环境设计专业及艺术设计专业环境艺术设计方向师生，是相关课程的教学参考用书，也是社会相关设计师培训的针对性教材。

二、教材学习目标

1. 了解居住空间设计流程、设计特点、设计内容及设计程序。
2. 掌握居住空间设计不同类型的设计风格特征。
3. 熟悉相关居住空间设计与室内装饰技术规范及构造节点，使学生的设计有据可查、有的放矢。
4. 培养学生系统、全面、创新的设计能力，使学生明确最终的设计目的，即设计以满足人的需求为出发点。

三、教学过程参考

1. 资料搜集与整理。
2. 项目案例考察。
3. 设计过程记录。
4. 作业循序渐进。
5. 进程汇报与点评。
6. 作业完成与反馈。

四、教材建议实施方法参考

1. 课堂演示。
2. 案例讲解。
3. 实地考察。
4. 分组互动 。

建议课时数

总课时：120

章　节	内　容	课　时
第一章	居住空间设计初识	4
第二章	居住空间设计原理	6
第三章	居住空间装饰材料与施工工艺	2
第四章	居住空间设计专项训练	12
第五章	小户型公寓设计	26
第六章	中户型居住空间设计	32
第七章	大户型居住空间设计	38

目　录

Contents

第一章　居住空间设计初识

第一节　居住空间设计的概念与特点

1.1 居住空间设计的概念

居住空间可以理解为我们生活的“家”的空间处所，这里提供日常生活的一般功能需要。经过一天繁忙的生活与学习，居住空间成为心灵寄托的港湾。居住空间是实用功能与装饰美化结合的共同体，首先应该满足的是日常的生活需要，包括聚会、休息、餐饮、休闲、娱乐、阅读等，使用方便、舒适的同时彰显主人的喜好与个性（图1-1-1、图1-1-2）。

居住空间设计是环境设计专业与艺术设计专业环境艺术设计方向的职业能力核心课程，对应着“居住空间设计师”或“家装设计师”的职业岗位，解决的是在居住空间范围内，由从前的“住得下”，逐渐发展到要求“住得好”的问题，既满足居住者的使用功能，又能够兼顾到环境的舒适性和美观性， 还要具有深刻的文化内涵，满足人们的精神生活需求。居住空间设计是一门集空间、色彩、造型、照明、材料、风格于一体的交叉性学科，是现代科技与艺术的综合体现。

图1-1-1　抛物线的诗意1　朱晏庆设计　选自《台湾现代居住空间》

图1-1-2　抛物线的诗意2　朱晏庆设计　选自《台湾现代居住空间》

1.2 居住空间设计的特点

对于普通人来讲，住宅的购买与装饰是人生的一件大事，需要付出大量的人力与财力，居住空间设计是否合理，直接影响到未来的生活。设计师要认识到我们设计的不仅仅是居住空间，更是一种生活方式，因此掌握居住空间的基本特点就显得非常必要，同时这也是居住空间设计的指导原则。

1.2.1 安全性

居住空间设计首先要考虑到使用者的安全，让其在日常生活中不必为安全担忧。设计师根据普通人的日常行为规范与日常生活习惯，将更加安全、便利、舒适的概念通过设计表达给使用者。安全性设计包括室内的造型设计、材料选用、色彩设计、照明设计等诸多方面的内容（图1–1–3）。

图1–1–3　双流时代小镇A2–1示范单位　方峻设计　选自《小户型　大设计》

1.2.2 实用性

实用性是指居室应最大限度地满足人们的使用功能。居室的使用功能很多，主要来说有两大项：一是为居住者的活动提供空间环境；二是满足物品的储存。实用性原则的目的是使居室构成预想的室内生活、工作、学习必需的环境空间。设计时需要运用空间构成、透视、错觉、光影、反射、色彩等原理和物质手段，将居室进行重新划分和组合，并通过室内各种物质构件的组织变化、层次变化，满足人们各种实用性的需要。因此，处理好人与物、人与人、人与环境的关系，也就基本上达到了实用性的原则（图1–1–4）。

图1-1-4 简约的奢华 刘均如、潘旭强设计 选自《小户型 大设计》

1.2.3 艺术性

居室的装饰要具有艺术性，特别是要注意体现个性的独特审美情趣，不要简单地模仿和攀比，要根据居室的大小、空间、环境、功能以及家庭成员的性格、修养等诸多因素来考虑，只有这样才能显现出有个性的美感来。不同个性、不同修养、不同爱好、不同层次的人，对居室“艺术性”的评价是不一致的，但同时也有默契和共识。居室装饰美化的原则，就实质来说，是个性美和共性美的一种辩证统一，是在不失去个性审美追求的同时，将共识性的审美观通过个性美的追求体现出来（图1-1-5）。

图1-1-5 预见未来 董纪威设计 选自《台湾现代居住空间》

1.2.4 生态性

居住空间的生态环境包括自然生态环境和人工生态环境。自然生态环境是指空气、阳光、水体、土地和原有植被等，一般指居住空间的外部自然景观。人工生态环境是指室内的绿色植物盆景与自然生态化造型，可以调节室内的微环境，增加自然情趣（图1-1-6）。

图1-1-6 巴先生公馆 选自《居住空间 第二十届亚太区室内设计大奖入围及获奖作品集》

第二节 居住空间设计发展趋势

随着城市化进程的不断加快，居住空间设计的发展趋势越来越明显，主要体现在以下几个方面。

2.1 人性化

居住空间设计的目的是通过创造温馨舒适的人居环境，把人对居住空间的要求，包括物质使用和精神需求两方面，放在设计的首位。由于设计的过程中矛盾错综复杂，问题千头万绪，设计者需要清醒地认识到设计要“以人为本”，为人服务，以确保人们的安全和身心健康，把满足人和人际活动的需要作为设计的核心。

人性化设计就是以人的本质需求为根本出发点，并以满足人的本质需要为最终目标的设计思想。人性化设计要考虑到人的更多需求，不断调整设计方案，以便满足人们不断变化的要求。

2.2 专业化

居住空间设计涉及空间设计、材料与施工工艺、色彩与照明设计、人机工程学等诸多领域与学科，需要具有高素质重技能的专业人才。国家对装饰行业的规范化不断完善，进一步要求居住空间设计人员要熟知居住空间设计的要求与规范。社会分工的不断细化也决定了居住空间设计人员要随时代的发展逐渐走向专业化，如出现了居住空间软装饰设计师等。居住空间中应用的设备、设施等科学技术含量越来越高，也需要专业人员进行设计与规划，如中央空调、地暖、空气能等。

2.3 个性化

居住空间设计着重体现人与环境、人与自然的直接对话，跨越时空、跨越国家与地区、跨越文化将成为现代设计的重要特征。设计已成为人与人、人与社会、人与自然沟通理解的文化载体，尤其在注重个性化的时代，它更是全面衡量人的品位和魅力的主要因素。因此，全面追求个性的美是一种高品位的生活方式。个性化在设计中的体现是多方面的。不同职业、不同年龄、不同文化层次、不同地域环境中的人的生活需求不同，导致人们对居住空间使用功能的要求多样化，进而使居住空间体现出不同于他人的个性化特点。

2.4 细节化

“细节决定成败”“细部可能会影响一个作品的好坏”，居住空间设计上的细节体现了施工工艺的精湛，突出了居住空间设计的人文关怀。一般来说，细节化主要体现在功能细节与施工细节两方面。功能细节如书房工作台桌面的转角圆化处理、卫生间洗漱台台面转角圆化处理、面边缘的收边收口处理等。施工细节则需要施工人员根据细节的设计将其体现出来。

2.5 多元化

随着生活质量的不断提高，人们对赖以生存的环境开始重新考虑，并由此提出了更高层次的要求，对居住空间设计的要求也呈现出不同层次的需要。居住空间的艺术视野更为广阔，空间体验能力也变得更为强大，更加注重居住空间中各个区域之间的交流，满足人们对沟通交流空间和独处私密空间更人性化的需求等。如何运用室内空间中的功能布局来满足人们越来越高的多层次要求，变成了当前室内设计的关键环节。

第三节　居住空间设计程序

3.1 家装设计师岗位认知

3.1.1 居住空间项目设计的流程

一般来说，家装设计师进行居住空间项目设计的流程如图1–3–1所示。

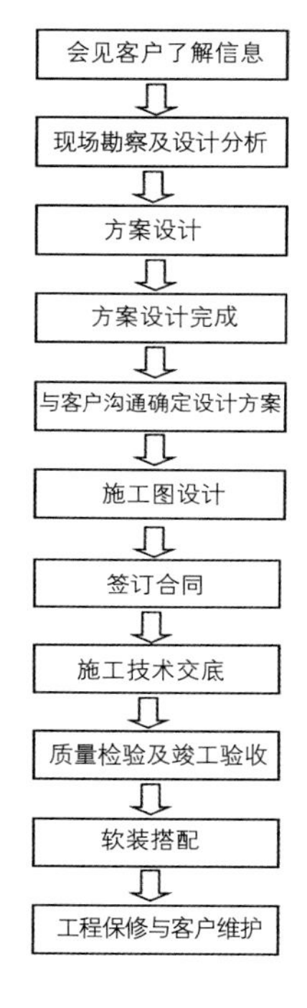

图1–3–1　居住空间项目设计流程

3.1.2 家装设计师接单的基本能力

当今的设计行业竞争激烈，基本能力与素质直接关系到一个设计师的未来发展。居住空间设计师的基本能力涉及的范围比较广，有绘图能力、沟通能力、施工工艺能力、装饰报价能力、基础空间造型能力、人体工程及材料的运用能力等。

（1）绘图

① 手绘草图能力：手绘能力是基本功，在与业主洽谈交流的时候，设计师如果能够现场通过一些手绘图样快速地表达设计意图、设计理念与业主沟通，能够增加设计的说服力，从而增加接单的机会。

② 计算机绘图能力：通过AutoCAD、SketchUP、3dsMax等软件辅助绘图，将设

计师的设计理念、功能空间划分、装饰造型细部、装饰构造等，形象、准确、精细地表达出来，能够增加业主对设计的理解能力，从而增加设计师成功接单的机会。

（2）材料的熟知

对设计师来说，熟知装修材料是一项基本能力。设计师了解装饰材料，包括装饰材料的物理、化学性能及主要装修材料的市场价位等，能够在与业主交流时准确解决业主的各种疑问，就能增加业主的信任感。

（3）施工工艺的熟知

施工工艺是指针对某一种工序的施工所采用的控制方法，或者根据操作要求而形成的记录，它就像一本作业指导书，专业性很强。设计师应熟知各种施工工艺，并能根据不同的施工现场选择恰当的施工工艺。

（4）诚信报价

设计师设计的作品最后都要通过报价报给业主。在工作中，设计师应坚持诚信原则，在报价时严格按照标准来报价，做到童叟无欺，这是成功接单的重要基础。

3.2 居住空间设计程序

居住空间设计根据进程顺序，可以大概分成设计准备、方案设计、施工图设计、设计实施四个阶段。每个阶段有若干个子任务，共同构成了居住空间设计的整体方案。在居住空间设计的具体操作中，不一定每个步骤环节都需要，根据实际情况可以省略一些环节或者步骤，再进行合理地整合。

3.2.1 设计准备阶段

居住空间设计的设计准备阶段，应明确设计的基本要求，了解居住空间的类型、功能、结构，收集相关资料与素材，能够通过手绘、交流等手段展示设计的概念草图。

（1）任务书

居住空间的任务书由业主或甲方提供，任务书应明确空间的使用功能、确定面积、风格样式、投资情况。

① 使用功能：确定居住空间中需要提供的功能任务，具体了解业主对功能上的需求，除去常规功能外，特殊功能要求需详细记录。

② 确定面积：指确定设计的居住空间的户型结构及面积的具体数据，是小户型单身公寓、普通套式住宅、排屋、别墅，还是其他的户型等。

③ 风格样式：根据业主爱好倾向与时尚潮流，确定居住空间设计的风格取向。

④ 投资情况：业主对居住空间的投资直接决定了居住空间设计的很多因素，如居住空间整体的档次、风格的定位、材料的选择、家具的选择、配饰的选择等。

（2）收集资料

① 原始土建图纸：业主在买房的时候，开发商一般都会提供一张原始结构图纸，如果没有也可到小区物业管理处寻求，物业会有本小区的户型原始结构图纸（图1–3–2）。

② 现场勘测：原始土建图纸上很多具体的尺寸没有标明，另外在建筑过程中会有很多的误差存在，所以需要对现场进行勘测（图1–3–3）。

单位：mm

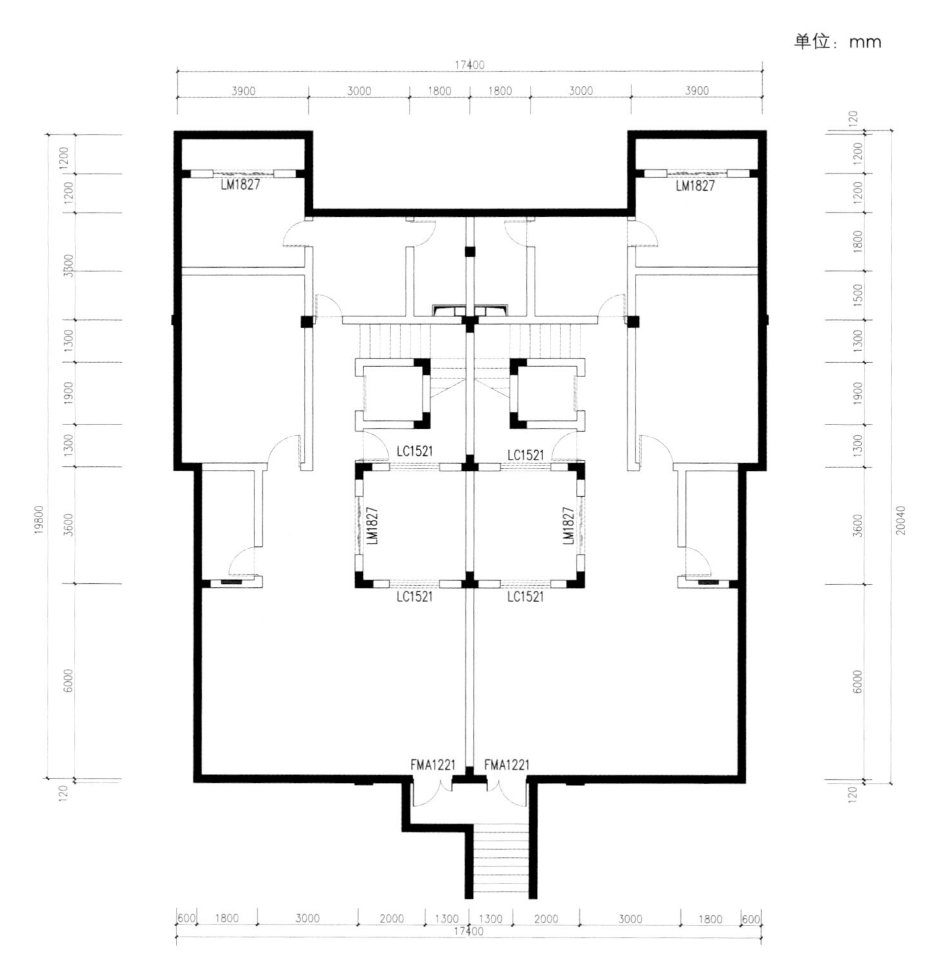

图1-3-2　原始土建图纸

单位：mm

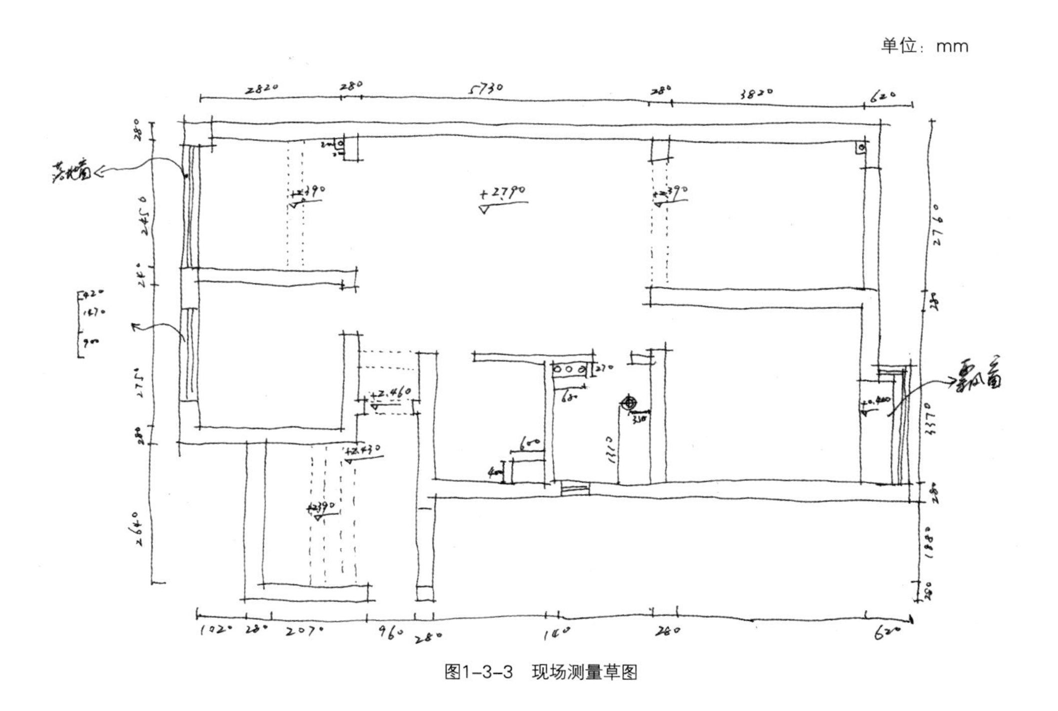

图1-3-3　现场测量草图

③ 案例资料整理：以任务书为依据，根据业主家庭的具体情况、户型结构与面积、业主喜好的风格样式和具体的投资，在设计素材或者案例中寻找相关的资料（同一小区的成功案例最有说服力），然后让客户欣赏并选择出自己的资料，为下一步设计概念草图做准备。

（3）方案草图设计

方案草图是设计思想通过手绘的形象表现，能快速反映设计师的思维构想与实际操作之间的联系，主要由设计师与业主共同完成。通过方案设计确定设计的目的、方向，明确大体的建筑功能布局，有助于我们分析设计，使设计形象化、具体化（图1-3-4）。

图1-3-4 方案设计草图

① 反映功能方面的草图：根据业主及其家人对居住空间功能的需要，大概划分出大的功能区域，如公共空间、私密空间、储藏空间、休闲空间、餐饮空间、卫浴空间等。

② 反映空间方面的草图：根据功能方面的需要，进行空间的划分，解决建筑原始结构的不足。

③ 反映形式方面的草图：对重点功能区域的装饰形式进行解读，展示装饰造型特点。

④ 反映技术方面的草图：现代的居住空间设计，科技含量越来越高，设备、设施的设计通过技术方面的草图体现出来。

3.2.2 方案设计阶段

居住空间设计的方案设计，在准备阶段的基础上，进一步完善方案草图设计的造型、材料、色彩、尺寸、结构，在原有建筑结构的限定下，遵循设计基本要求，解决具体的功能空间布局、方案设计，并以方案成果展示。居住空间方案设计包括概念草图深入设计、土建和装修的前后衔接、协调相关的工种设备、方案成果展示四个阶段。

（1）方案草图深入设计（图1-3-5）

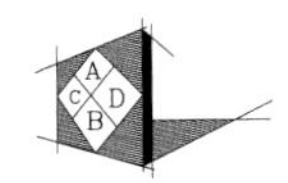

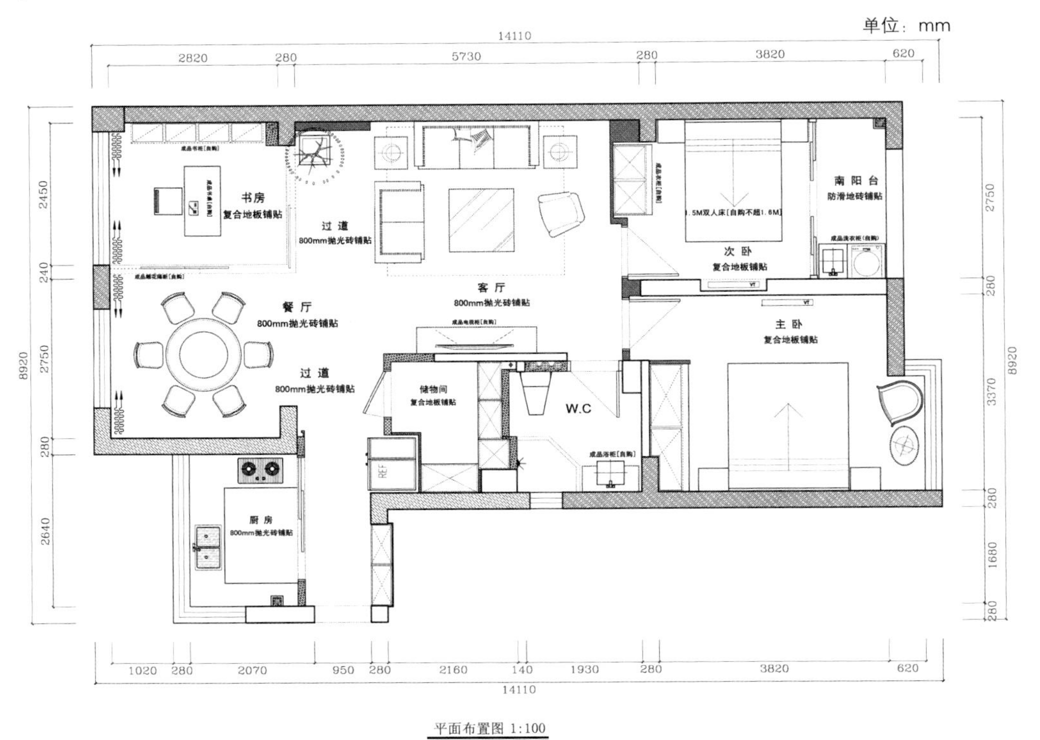

图1-3-5　平面布置图

② 交通流线分析：分析居住空间使用者在空间中运动的方式以及运动轨迹的合理性。

③ 空间分析：居住空间根据使用功能分区，并不是所有原始结构空间分区都可以满足需要，分析空间的缺点与不足，为设计提供参考依据。

④ 装修材料的比较和选择：相同界面上可以使用不同的装饰材料，同种装饰材料又有不同的价格、质量、环保参数等，根据业主的需求进行材料的比较与选择。

（2）土建和装修的前后衔接（图1-3-6、图1-3-7）

① 不足与制约：建筑的原始结构制约着居住空间设计，建筑设计时不可能对每个户型每个空间都考虑得到位，所以空间会有不足之处。

② 承重结构：在居住空间设计中，承重结构不能擅自改动，包括建筑框架结构的梁、柱、剪力墙等。

③ 设施管道：各类居住空间日常设施管道，包括进水管道、排水管道、排污管道、排气管道、排烟管道、中央空调管线等。

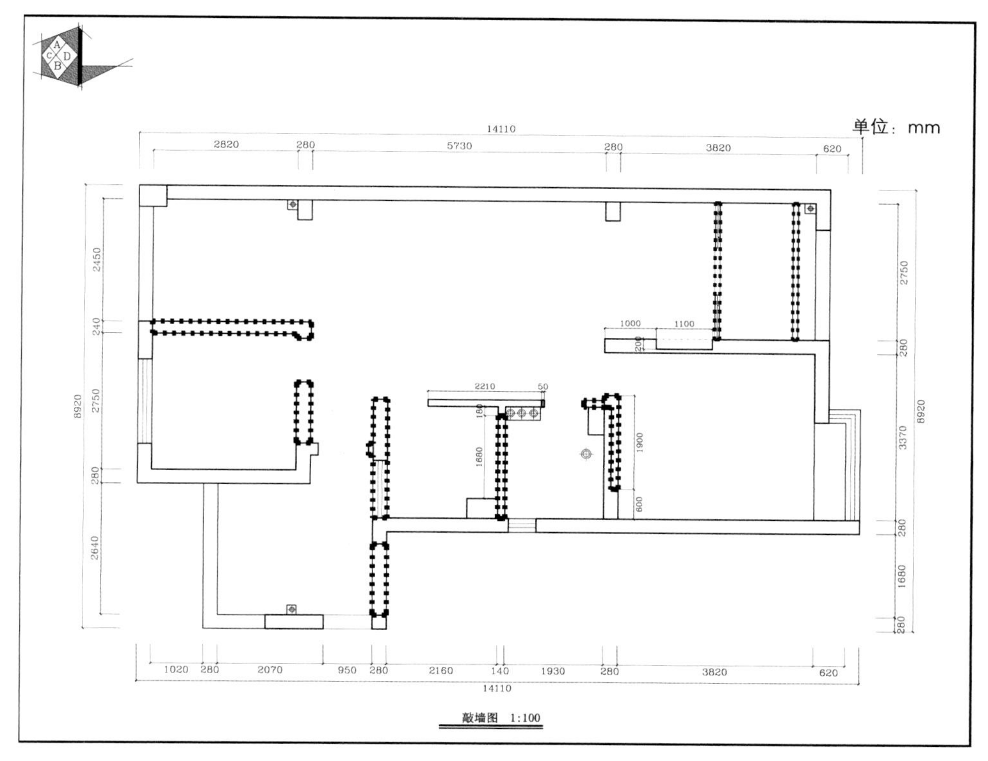

图1-3-6 敲墙图

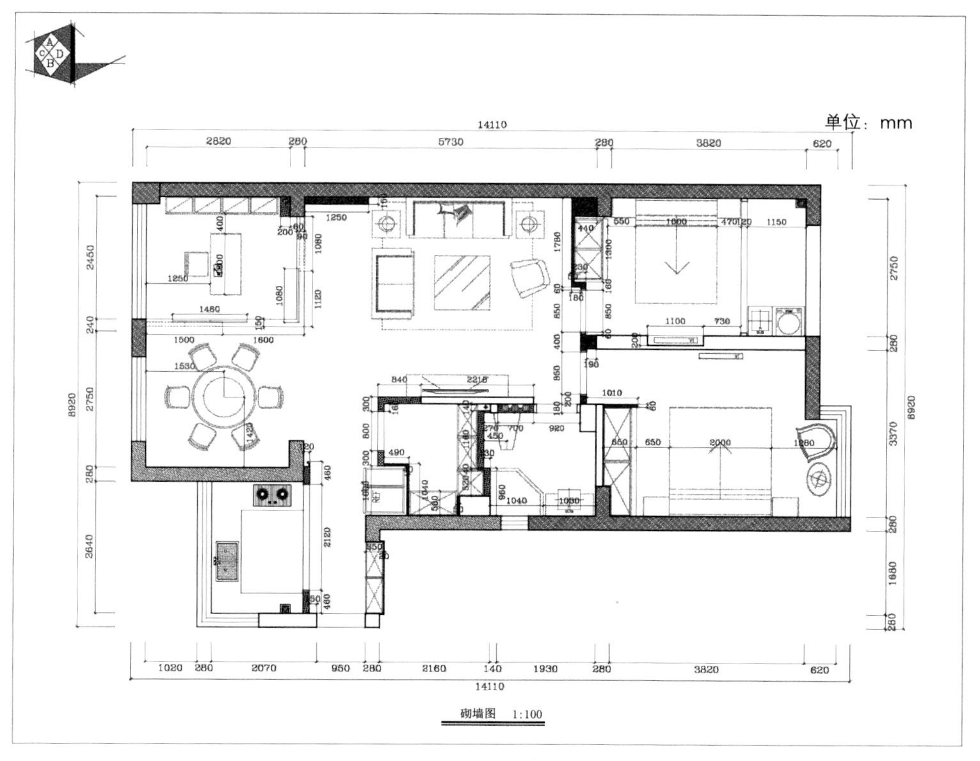

图1-3-7 砌墙图

（3）相关设备协调

① 各种设备之间的协调：很多设备之间存在着紧密的联系，需要做好设备之间的联系与衔接。

② 设备与装修的协调：设备是满足业主日常生活的重要保证，居住空间设计要遵循设备优先的设计原则，在此基础上进行居住空间装饰的设计。

（4）方案成果展示

① 图册：设计师主要的设计成果展示，一般包括设计说明、平面图、立面图、剖面图、透视图（效果图）、模型、材料样板等，装订成册（图1–3–8）。

② 模型：模型一般不做要求，除非有特殊项目要求，学习阶段可以尝试制作设计模型，有利于学生对空间的理解、材料的认识、比例的掌握（图1–3–9）。

③ 动画：特殊客户有对动画的要求，如房地产户型展示、样板间设计展示需要此类服务，包括动画浏览展示、虚拟现实再现。

图1–3–8　设计图册

图1–3–9　居住空间模型

3.2.3 施工图设计阶段

（1）装修施工图

① 设计说明、工程材料做法表、饰面材料分类表、装修门窗表。

② 平面图，包括原始平面图、平面布置图、天花图、地面铺装图、灯位布置图、插座布置图、给水排水排污管道图、尺寸和标高、说明等。

③ 立面图，包括每面墙上的装修，各种制作的造型、材料说明和尺寸，为了图面的完整，还可以加上适当的装饰品和植物等。

④ 剖面图、大样图包括室内装饰墙面、踢脚线、天花、楼梯、卫生间以及主要活动空间的家具设计的详细图纸。

（2）设备施工图

① 给排水：给排水布置、消防喷淋。

② 电气：强电系统、灯具走线、开关插座、弱电系统、消防照明、消防监控。

③ 暖通：采暖系统、空调布置。

3.2.4 设计实施阶段

① 设计人员向施工人员进行设计意图说明及图纸的技术交底，特别是造型与施工工艺复杂的部位。

② 工程施工期间需按图纸要求核对施工实况，有时还需根据现场实况提出对图纸的局部修改或补充。

③ 大、中型工程需要进行监理，由监理机构进行施工的进度、质量控制。施工结束后，会同质检部门和建设方进行工程验收。

思考与练习

1. 试述居住空间设计的含义及作用。
2. 结合当代居住空间设计发展趋势，通过具体案例展示趋势变化。
3. 居住空间设计师应该具备哪些能力？结合职业岗位认识，规划本课程个人能力提高目标及实现途径。

第二章　居住空间设计原理

第一节　家居空间的组织

1.1 家居空间的形态

家居空间通常由实体界面的地面、顶面和墙面围合表现而成。由界面围合的空间形态是空间设计的基础，对家居空间的功能规划、空间气氛形成起到决定性的作用。家居空间设计中的各种处理手法主要凝聚在空间形态之中，了解空间形态的典型特征及其处理规律，对于家居空间设计具有十分重要的意义。

家居空间的常见形态主要有如下几种。

1.1.1 凹室空间

凹室（图2-1-1）是在室内局部退进的一种室内空间形态，由于凹室通常只有一面开敞，因此在大空间中受到干扰较少，形成安静的一角，有时常把天棚降低，造成具有清静、安全、亲密感的特点。凹室是空间中私密性较高的一种空间形态。根据凹进的深浅和面积大小的不同，可以作为多种用途的布置，在家居室内常见于凸窗设计。

图2-1-1　凹室空间可以营造温馨感

1.1.2 母子空间

在大空间中根据使用性质围隔出一块具有特定使用功能的小空间，和整体空间相融合，同时又具有相对封闭性的空间称为子空间。子空间和整体空间就形成了一种类似母子的关系，这样的空间形态被称为母子空间。例如图2-1-2在卧室一角布置了工作空间，既能与卧室空间的活动相融合，又具有特定的功能特点。

图2-1-2 香水君澜山景别墅 陈亨寰、李巍设计
选自《居住空间 第十九届亚太区室内设计大奖入围及获奖作品集》

图2-1-3 手绘墙面形成虚幻空间 十上空间设计

1.1.3 虚拟和虚幻空间

虚拟空间是指在界定的空间范围内，通过界面的局部变化来再次限定空间，如局部地升高或降低顶面或地面，或以材质、色彩的变化来限定空间等。

虚幻空间是指通过镜面、画面等反映的虚幻景象，在视觉上产生空间延伸的效果。如图2-1-3利用带有透视感的画面产生餐厅空间扩展的效果。

1.1.4 地台式空间

通过将室内地面局部升高产生一个边界十分明确的空间，通常在大空间内区分和界定一块空间，用于强调其空间的使用性质。常见于在客厅中区分出一块游戏、休闲或阅读区域（图2-1-4）。

图2-1-4　宁心之境　Wu Feng Weng，Tai Chi Fen设计
选自《居住空间　第二十届亚太区室内设计大奖入围及获奖作品集》

1.1.5 下沉式空间

下沉式空间，也称地坑，是将家居室内局部下沉，在统一的室内空间中就产生了一个界限明确、富有变化的独立空间。由于下沉地面标高比周围的要低，因此有一种隐蔽感、保护感和宁静感，使其成为具有一定私密性的小天地。人们在其中休息、交谈也备觉亲切，在其中工作、学习，较少受到干扰。此空间在公寓式住宅中并不常见（图2-1-5）。

图2-1-5　Sailing2　谢宇书、芮马设计团队设计
选自《居住空间　第十九届亚太区室内设计大奖入围及获奖作品集》

1.2 家居空间的类型

家居空间的类型主要是根据空间的使用性质和界面围合方式来加以区分，以便于设计组织家居空间时加以选择和运用。

1.2.1 固定空间和可变空间

固定空间是一种使用功能明确、设施设备位置固定的房间，通常用固定不变的界面围隔而成。如卫生间、厨房等设施设备固定、位置明确的空间。可变空间是指为了满足不同的使用功能而改变其空间形式的空间，通常使用灵活可变的空间分隔方式，如使用移门、屏风等隔断形成的空间围合形式。

1.2.2 静态空间和动态空间

静态空间通常有卧室、独立的餐厅等，具有空间形式比较稳定、视觉主体清晰明确、空间功能一目了然等特点。

动态空间通常有走廊、楼梯等，视觉导向多样化，活动路线具有灵活性，起到引导人流活动作用的空间形式。

1.2.3 封闭空间和开敞空间

封闭空间是指完全由实体界面围合而成的空间，如卧室、卫生间、书房等，空间的独立性和领域感较强，具有较强的抗干扰性。开敞空间是指具有少量的固定界面，具有较大开放部分的空间，如开敞式的厨房、餐厅和客厅。

1.2.4 共享空间和私密空间

共享空间是指多种不同功能并存，一般位于家居的公共活动中心或交通枢纽，具有明确的开放性，可容纳多种使用功能的空间，如起居室、门厅等。

私密空间是指具有私密要求、空间形式趋于封闭型的空间，如卧室、卫生间等。

第二节 居住空间的尺度

居住空间设计是建筑设计的延伸，居住空间的一切尺度都是根据空间的尺度、人体的尺度以及室内物品的尺寸所决定的。

2.1 空间的尺度

空间的尺度主要由空间界面的比例所决定，如顶面与墙面的比例、墙面与墙面的比例等。不同的比例会影响人们对空间的心理感受。

2.2 人体的尺度

人体的尺度可以分为人的生理尺寸和人的心理尺度。人的生理尺寸又包括人的静态尺寸和动态尺寸。人的静态尺寸是指人体各部分的尺寸，家居空间设计时根据人的静态尺寸设计座椅的高度、楼梯踏步的高度等。

人的动态尺寸是指人在空间内各种动态活动所需要的尺寸。家居空间中通道的宽度、厨房操作台面的宽度等都是根据人的动态尺寸设计的。

人的心理尺度是从人的心理需求出发，包含尺度感和人际距离两个方面。人际距离主要是指人和人之间交流接触时的距离，根据不同的交流对象，人际距离各有不同。人际距离通常来说，是由人与人之间的亲密程度和行为特征决定的，在家居空间中的人际距离可以分为亲密距离、个人距离和社会距离（表2-2-1）。

表2-2-1　家居空间中的人际距离

亲密距离	个人距离	社会距离
0～0.45m，夫妻、父母和幼子之间属于这类人际距离	0.45～1.3m，亲近朋友和家人属于这类人际距离	1.3～3.75m，邻居、同事属于这种距离

2.3 家具设备等物品的尺寸

家居物品的尺寸是以人机工程学为依据，将我们常用的尺寸具体化。由于家居空间中物品种类多样，尺寸复杂，因此单独列出。通过居住空间常用家具、装饰造型尺寸表，可以快速查找到常用尺寸要求，提高设计绘图的速度与质量（居住空间家具与装饰基本尺寸请见附录一）。

第三节　光照与色彩

光照与色彩是家居设计的重要组成部分，光照产生了色彩并衬托出色彩，色彩和光照相互影响，影响着我们的感知系统。光照对人的身心健康至关重要，在居住空间设计中，光照是一项不可或缺的内容。光照为人们提供舒适、安全的生活、工作以及休息空间，还能营造惬意、实用的室内环境，体现空间特色。居住空间中的采光方式主要分为自然采光和人工照明。在自然光线无法满足的情况下，就用人工照明进行补充，两者时间特性不同，互为补充。

3.1 采光

家居空间中的采光主要取决于窗户的方位和采光口面积的大小及布置形式。采光的情况可以决定室内的自然光线，影响室内温度。例如，当窗户直接面向太阳时，所接收的光线要比其他方位多。在寒冷的冬季，大面积直射的阳光可以增加室内的温度。在室内设计过程中，应首先根据空间的采光情况分配空间的性质，如卧室、起居室和生活阳台应尽量安排在朝南的位置，厨房、书房和储藏间应尽可能安排在朝北缺少直接光照的位置。自然采光一般采取遮阳措施，以避免眩光和温度过高引起人的不适感。设计时尽量避免隔墙、家具等对采光形成绝对的遮挡设计，可以通过窗帘、百叶帘等来调节室内的光线。

3.2 照明设计

照明是家居生活的必需品，明亮的照明不等同于有效的照明。随着现代人们对照明设计的重视程度日益提高，居住空间中的照明设计发生了相应的变化，根据不同功能设计正确的照明方式，产生不同层次的照度、光影的变化，不仅能够较好地满足功能需要，还能表达空间、整合空间，创造出不同的空间环境气氛。居住空间室内照明根据性质可以分为一般照明、局部照明、重点照明和装饰照明（图2-3-1）。

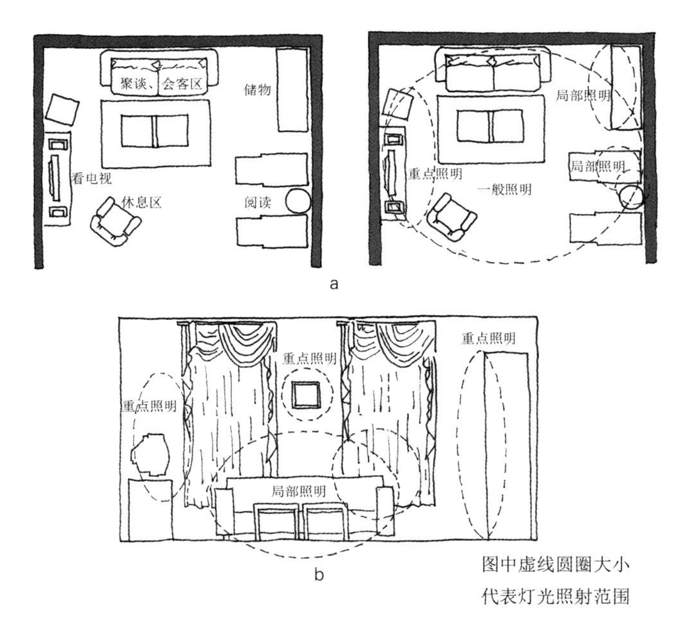

图2-3-1 起居空间中的照明种类

（1）一般照明

一般照明也称为“背景照明”或“环境照明”，为空间中的所有活动创造了一个基础照明亮度，要求舒适、照度均匀、无眩光等。光源可选用荧光灯、LED灯等，可采用安装在天花板中央的吸顶灯、吊灯或顶面均匀布置的多盏下设型灯具，以增加顶棚和空间的亮度。

（2）局部照明

局部照明是在一般照明的基础上附加的一系列对工作区域的照明。这些区域需要比较高的照度，如书桌、餐桌、梳妆柜等。这种照明有时也称为工作照明，光源一般选用显色性较好的荧光灯。灯具一般为落地灯、台灯、壁灯或吊灯等。

（3）重点照明

重点照明指光线对于特定区域、特定方向集中照射的照明方式，为局部区域提供足够的照度，如对雕塑、绘画、壁饰、照片、植物等进行照射，使之更加醒目、更加鲜艳，或产生阴影增加立体感。重点照明光源一般采用低压卤钨灯、荧光灯、LED灯泡等。灯具主要采用射灯、筒灯等。

（4）装饰照明

装饰照明也称为气氛照明，主要是通过灯光色彩和形式上的变化来装饰空间，产生效果气氛，为空间带来不同的视觉感受。

3.3 居住空间的色彩设计

色彩作为室内设计中最为活跃、最为生动、最为迎合人的心理以及时尚流行的元素，在室内设计中起着改变或者创造某种格调形态的强大作用。

3.3.1 色彩对居住空间的作用

（1）色彩可以营造空间氛围

在室内设计中，色彩起着改变或者创造空间氛围的强大作用。室内的空间氛围主要通过色彩的冷暖和重量感来体现。

① 色彩的冷暖。根据人们对色彩的感受，将色彩分为暖色、冷色和中性色。暖色如红色、橙色、黄色、褐色等，可以营造出温暖、活泼、快乐的精神兴奋感（图2–3–2）；冷色如白色、乳白色、蓝色、绿色、青色等，可以营造出清凉、静谧、轻松、安逸的感觉（图2–3–3）；深浅相适的柔和中性色彩，如灰色、低纯度的色彩等，可以营造和谐、亲切的感觉。

② 色彩的重量感。色彩的重量感是通过明度和纯度确定的。明度和纯度高的色彩

图2–3–2 暖色营造出温暖的感觉 平阳逸风装饰设计

图2–3–3 冷色营造出清凉安静的感觉 地中海气泡—公共空间 靳涛设计《宠爱地中海II》

具有轻盈、飘逸的感觉（图2–3–4），如粉红色、粉蓝色、粉绿色等；明度和纯度低的色彩具有厚重感，如咖啡色、烟灰色、褐色等。运用色彩的重量感可营造出不同空间的氛围，如可利用轻盈感的色彩营造出轻快、感性、温柔的空间氛围；可利用厚重感的色彩营造出内敛、低调、稳重的空间氛围（图2–3–5）。

图2–3–4　浅色营造出轻松欢快的空间氛围（宜家家居）

图2–3–5　深色营造出低调稳重的空间氛围　选自《室内设计与装修》

（2）色彩可以改善空间效果

色彩对空间效果的影响主要表现在色彩的距离感方面。不同的色彩可以给人前进、后退、凹陷、凸出的感觉。明度高的暖色具有前进感和凸出感，看起来比实际距离要近些；明度低的冷色具有后退感和凹陷感，看起来比实际距离要远些。色彩的距离感对改善室内空间效果有很大的影响。例如，面积小、空间低的房间可利用较冷的颜色来使空间有扩大和后退感，避免压抑、狭小的感受；面积大、空间高的房间可利用明亮的暖色，使空间显得丰富而紧凑，避免造成空旷和冷漠的感觉。

（3）色彩可以调节室内光线

不同明度的色彩对光线的反射率不同。例如，同样材质的空间，白色地板反射率高，室内光线较亮；黑色地板反射率低，室内光线较暗。我们可以通过色彩明度对室内光线的不同影响，来调节室内光线的强弱。

3.3.2 家居空间色彩设计的方法

成功的家居装饰色彩的设计，应该是基于色彩搭配与空间功能两者的完美组合之上的。家居空间中的色彩可以分为背景色彩、主体色彩和点缀色彩三部分。背景色彩包括建筑室内空间各界面的色彩，如地面色彩、墙面色彩和顶面色彩等；主体色彩包括家具色彩、织物色彩等；点缀色彩包括家居环境中面积较小的色彩，如装饰画、植物、灯具的色彩等。和谐优美的色彩搭配需要确定色彩主次关系（图2–3–6）。

（1）主色调的确立

家居空间色彩设计应该具有一个主色调，空间的氛围、冷暖、意境都可以通过主色调的选择来体现。主色调的选择是一个决定性的步骤，需要和空间的主题、设计风

图2-3-6　米色的主色调点缀以鲜艳的茶几和植物

格和氛围相一致，通过主色调来表达典雅或华丽、安静或热烈的空间氛围。主色调的形成与色彩的面积相关，一般在空间中占有较大的比例。背景色彩和主体色彩往往是构成主色调的主要因素。

（2）辅助色调的确立

辅助色可以起到衬托、协调主色调的作用，设计时可以先根据已确定的主色调搭配辅助色。例如，可以根据客户已确定的明度较高、对比强烈的家具色，搭配中性的地板色和墙面色，起到协调、过渡色彩的作用。

（3）点缀色的搭配

根据主色调和辅助色调的色彩关系，可以适当搭配一些点缀色彩，起到调节、丰富整体色彩的作用。

3.3.3 色彩搭配

① 使用专业色彩搭配手册。根据空间的性质，参考色彩搭配手册选择色彩搭配方案。

② 设计素材的积累。搜集色彩搭配资料，如自然界中的色彩搭配等，整理、分析成为配色的参考（图2-3-7）。

图2-3-7　从自然界中搜集整理的色彩搭配

第四节 家具与陈设

4.1 家具

家具是人类生活中所使用的器具。广义地说，家具是指供人们维持正常生活、从事劳动生产和开展社会活动必不可少的各种器具。狭义地说，家具是生活、工作和社会交往活动中供人们坐、卧、躺或支承与储存物品的一类器具与设备。

处理好家具与室内空间环境的关系是设计师必须要考虑的问题。在室内空间环境中，家具的选择、应用以及布置，对于室内空间环境的分隔、人们的日常活动以及生理和心理上的影响是不可忽略的。

居住空间中家具的种类很多。按照其所使用的材料可以分为木制家具、竹藤制家具、塑料家具、金属家具、纺织家具。不同材料的家具，带给人们视觉和触觉上的感受也有所不同。按照设计方式来划分，又可以分为固定家具和移动家具。固定家具是指家具本身成为室内某个界面乃至整体室内空间造型中的一部分，在室内空间设计以及施工的过程中，将家具与室内空间界面的整体造型视为一体。移动家具是指在室内空间界面的设计和施工完毕后，才被放置进入室内的空间环境中的家具（图2–4–1）。

家具设计是对空间的二次设计，是对空间的第二次布局和划分，家具要和室内设计统一风格，家具与家具之间也要统一风格。在家具的设计与配置、选择与应用上，应首先考虑空间大小和人体尺度，满足室内空间环境的物质功能的作用。其次要充分体现室内空间环境的精神功能的作用，陶冶审美情趣，提高生活质量。家具的风格是

图2–4–1 固定、移动家具构成室内的使用功能 平阳逸风装饰设计

其室内空间环境整体风格的重要体现。再次还要注重其安全性的问题。家具与人的接触最频繁，因此在家具线角的处理上应当注意圆润、光滑，尤其是老年人和儿童所使用的家具更需要考虑安全性。最后，还要考虑家具的牢固性和耐久性，要求家具的结构和受力系统要合理，节点的设计和制作要精细和坚固（图2-4-2、图2-4-3）。

图2-4-2　家具对空间的二次划分　美克美家家具

图2-4-3　新古典风格的餐厅家具加强了室内的风格　美克美家家具

4.2 居住空间中的陈设品

现代人更希望在家居环境中体会到亲切、美观、舒适，带来欣喜情感的个性感受。陈设品由于具有趣味性、装饰性强且随着时代和季节更换等特点，成为现代家居装饰中的重要组成部分。陈设品的范围很广，一切具有审美意义的物品都可作为家居装饰中的陈设品，如织物、摆设、挂贴件、雕塑品、艺术器皿、装饰品与绿色植物等。陈设品在家居空间中的应用可使家居环境更加多变、丰富，气氛更加和谐、舒适，更适合现代人不断变化的心理需求（图2-4-4、图2-4-5）。陈设品在家居装饰中的主要作用体现在以下几个方面。

图2-4-4 东莞第一城的室内陈设设计

图2-4-5 精美的陈设烘托出复古的空间意境

（1）划分空间，丰富空间层次

居住空间由于它的固定性、不易移动性，一般情况下很难改变其原始形态。室内陈设可以在原有设计的基础上对空间进行二次划分，使空间在功能上更加合理，是一种快捷且效果较好的改变空间的方式。空间层次也因此变得更加丰富。例如，利用织物陈设来重新划分空间，在家居空间中利用帘帐等划分子空间，使其使用功能更合理，层次感更强。

（2）烘托氛围，创造居室空间环境意境

陈设品能烘托家居室内的氛围，营造出愉悦舒适的家居环境。陈设品的选择和布置能创造出一定的意境。例如，简约中式风格搭配上人文气息较强的字画等陈设，更加强化了中式风格的内涵，带来古朴厚重的空间氛围。

（3）强化风格，反映空间特色

家居陈设受不同历史时期、地域文化的影响，形成不同的风格特色。陈设品的合理运用可强化室内装饰的风格，使装饰风格更加突出、生动，同时更能体现业主的喜好、品位、特征等，使之在美化环境的同时，反映出空间的特色。例如，清新的地中海风格，配以贝壳、朴拙的木质手工雕刻，可以带来海洋的气息，强化了室内的风格特点。

（4）柔化空间，调节色彩

窗帘、帷幔之类的陈设品，以柔软的质感带来温暖的感觉；绿色植物和插花带来自然界的生机与活力，可以柔化室内的生硬感；陈设品本身具有丰富的色彩，可以改善室内的色彩关系。

第五节　居住空间的设计风格

风格即风度品格，体现创作中的艺术特色和个性。随着人们生活水平和审美需求的不断提高，对家居环境的重视程度也越来越高。家居环境不仅直接关系到人们日常工作与生活的质量和水平，还是人们个人追求、审美水平和个人风格的具体体现。当今的居住空间装饰风格有多元化和个性化的特点，应用最为广泛的有中式风格、欧式风格、现代主义风格、田园风格、地中海风格、东南亚风格、混搭风格、和式风格等。

5.1 中式风格

中式风格的代表是中国明清古典传统家具及中式园林建筑、色彩的设计造型。特点是对称、简约、朴素、格调雅致、文化内涵丰富，中式风格家居能体现主人较高的审美情趣与社会地位，可以分成传统中式和新中式。

5.1.1 传统中式风格

传统中式风格一般指明清以来逐步形成的中国传统的装修风格，这种风格最能体现中华民族的家居风范与传统文化的审美意蕴，典雅、有书卷气（图2-5-1、图2-5-2）。

图2-5-1　传统中式风格1

图2-5-2　传统中式风格2

风格特点：

① 吸取中国传统木构架建筑室内的藻井天棚、挂落、雀替的构成和装饰。

② 采用明清家具造型和款式特征。

③ 绚丽夺目的色彩。中式建筑由于是木制材料的建筑，需要油漆或涂料保护，所以建筑外观的色彩十分鲜艳，如朱漆柱、琉璃瓦、彩绘、汉白玉台基等。浓重的色彩和强烈的对比体现了中国传统文化的精髓。

④ 艺术风格有着鲜明的时代性、地区性和民族性。装饰构件的制作工艺趋于规范化、定型化，有严格的规定做法。这些精美的装饰大都具有很强的实用性，并非是可有可无的附加物。

⑤ 中式传统建筑主要是木结构，采用框架式结构、榫铆安装、梁架承重。这种木结构建筑在形制上方正，强调气韵生动，符合温和、实用、平缓、轻捷的中式建筑理念。

5.1.2 新中式风格

新中式风格是中国传统风格文化意义在当前时代背景下的演绎，是对中国当代文化充分理解基础上的当代设计。新中式可以理解为“中国当代的传统文化表现”，反映的是当代文化与传统文化的关系（图2-5-3、图2-5-4）。

图2-5-3　新中式设计1　戴勇设计　选自《禅意东方Ⅶ居住空间》

图2-5-4　新中式设计2　戴勇设计　选自《禅意东方Ⅶ居住空间》

风格特点：

① 新中式风格在设计上延续了明清时期的家居配饰理念，提炼了其中的经典元素并加以简化和丰富，在家具形态上更加简洁清秀，同时又打破了传统中式空间布局中等级、尊卑等文化思想，空间配色上也更为轻松自然。

② 新中式风格是传统家具与现代设计结合的成果，新中式家具以木质材料居多，颜色多以仿花梨木色和紫檀色为主。墙壁既可四白落地，也可以选择配合深褐色家具的米白、米黄或沙色。

③ 绿色植物是新中式风格中不可或缺的元素，除了绿萝、凤尾竹、滴水观音等观叶植物，根雕、盆景等也是不错的选择。

5.2 欧式风格

欧式风格源自于欧洲，不同历史时期、不同地域的风格特点也各有差异。欧式风格在我国居住空间风格中“大行其道”，特别是大空间的别墅、排屋等更是以欧式风格为主，这也是一个值得我们深思的问题。欧式风格按照历史时期以及风格特点可以划分为古典主义风格、新古典主义风格、简欧风格和北欧风格。

5.2.1 古典主义欧式风格

17世纪下半叶，法国文化艺术的主导潮流是古典主义，包括意大利文艺复兴风格、巴洛克风格、洛可可风格和古典复兴风格。古典主义美学的哲学基础是唯理论，认为艺术需要有严格的像数学一样明确清晰的规则和规范。与当时的文学、绘画、戏剧等艺术门类一样，在建筑中也形成了古典主义理论。古典主义风格在建筑的形制、柱式以及各种比例上都有着严格的要求（图2–5–5、图2–5–6）。

图2–5–5　古典欧式1

图2–5–6　古典欧式2

风格特点：

① 以古典柱式为构图基础，突出轴线，强调对称，注重比例，讲究主从关系。

② 房间的门和各种柜门的造型设计，要突出凹凸感与优美的弧线，两种造型相映成趣。

③ 用欧洲古典特色的墙纸装饰房间，也可用一些图案进行点缀。

④ 大多采用白色、淡色，可以采用白色或者色调比较跳跃的靠垫配白木家具。

⑤ 墙面镶以木板或皮革，表面涂上金漆或绘制优美图案。

⑥ 天花都会以装饰性石膏工艺装饰或饰以珠光宝气的丰腴油画。

5.2.2 新古典主义欧式风格

新古典主义的设计风格其实就是经过改良的古典主义风格。新古典主义将古典主义的繁复雕饰经过简化，摒弃了过于复杂的肌理和装饰，简化了线条，并与现代材质相结合，呈现出古典而简约的新风貌，具有高档精致的感觉（图2–5–7、图2–5–8）。

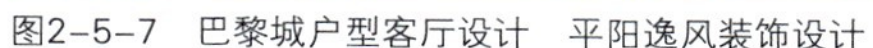
图2-5-7 巴黎城户型客厅设计 平阳逸风装饰设计

图2-5-8 巴黎城户型入户设计 平阳逸风装饰设计

风格特点：

① 艳丽而丰富的色彩。

② 古典元素抽象化为符号，在建筑中，既作为装饰，又起到隐喻的效果。

③ 粗与细、雅与俗的对比。一方面是高雅精致的细部，一方面又有粗犷浑厚的整体造型，两种对比鲜明的风格既互相对抗，又互相统一。

5.2.3 简欧风格

简欧风格就是简化了的欧式装饰风格，也是目前别墅居住空间设计最流行的风格。简欧风格更多地表现为实用性和多元化。简欧家具包括床、电视柜、书柜、衣柜、橱柜等都与众不同，营造出日常居家不同的感觉（图2-5-9、图2-5-10）。

风格特点：

① 家具的选择与硬装修上的欧式细节应该是相称的，选择深色带有西方复古图案以及非常西化造型的家具，与大的氛围和基调相和谐。

图2-5-9 左岸户型——客厅设计 平阳逸风装饰设计

图2-5-10 左岸户型——餐厅设计 平阳逸风装饰设计

② 墙面装饰可以选择一些比较有特色的材料来装饰，比如借助硅藻泥墙面装饰材料进行展示，就是很典型的欧式风格。当然简欧风格装修中，条纹和碎花也是很常见的。

③ 灯具可以选择一些外形线条柔和或者光线柔和的灯，像铁艺枝灯是不错的选择，有一点造型、有一点朴拙。

④ 简欧风格装修的房间应选用线条繁琐，看上去比较厚重的装饰画框，才能与之匹配，而且并不排斥描金、雕花，相反，这恰恰是风格所在。

⑤ 简欧风格装修的底色大多以白色、淡色为主，家具则是白色或深色都可以，但是要成系列，风格要统一。同时，一些布艺的面料和质感很重要，如丝质面料会显得比较高贵。

5.2.4 北欧风格

北欧风格以简洁著称于世，并影响到后来的极简主义、简约主义、后现代主义等风格。例如，宜家家居的家具、饰品、布艺以及实用用品都是此风格，漫步在宜家，就是对北欧风格的最好体验（图2-5-11、图2-5-12）。

图2-5-11　北欧风格1

图2-5-12　北欧风格2

风格特点：

① 在居住空间设计方面，室内的顶、墙、地三个面，完全不用纹样和图案装饰，只用线条、色块来区分点缀。

② 在家具设计方面，产生了完全不使用雕花、纹饰的北欧家具，但家具产品也是形式多样的。如果说它们有什么共同点的话，那一定是简洁、直接、功能化且贴近自然，一份宁静的北欧风情，绝非是蛊惑人心的虚华设计。

5.3 田园风格

田园风格的居住空间设计适合居住在城市，整天面对枯燥、繁忙、单调工作的人们。在田园风格居住空间中，我们可以找回那种久违的温馨、恬静、自然与人情的味道。田园风格是指采用具有“田园”风格的自然物、具有乡土气息的建材进行装饰的一种方式，带有一定程度的农村生活或乡间艺术特色，表现出自然闲适的内容。我们常常能够见到的田园风格有美式田园风格、欧式田园风格和中式田园风格。

5.3.1 美式田园风格

美式田园风格也可以称作美式乡村风格，倡导“回归自然”。在室内环境中力求表现悠闲、舒畅、自然的田园生活情趣，也常运用天然木、石、藤、竹、织物等材质质朴的纹理，巧于设置室内绿化，创造自然、简朴、高雅的氛围（图2–5–13、图2–5–14）。

风格特点：

① 一般要求简洁明快，通常使用大量的石材和木饰面装饰。装饰有历史感的东西，这不仅反映在软装摆件上对仿古艺术品的喜爱，同时也反映在装修上对各种仿古墙地砖、石材的偏爱和对各种仿旧工艺的追求上。

② 厨房一般是开敞式的，同时需要有一个便餐台在厨房的一隅，还要具备功能强大又简单耐用的厨具设备，如水槽下的残渣粉碎机、烤箱等。需要有容纳冰箱的宽敞位置和足够的操作台面。在装饰上也有很多讲究，如喜好仿古面的墙砖，橱柜门板喜好用实木门扇或是白色模压门扇仿木纹色。厨房的窗喜欢配置窗帘等。

图2–5–13 墨境——客厅 田伟壮设计 选自《摩登样板间 美式田园》

③ 卧室布置较为温馨，作为主人的私密空间，主要以功能性和实用舒适为考虑的重点。一般卧室不设顶灯，多用温馨柔软的成套布艺来装点，同时在软装和用色上非常统一。

④ 美式家居的书房简单实用，比较注重软装饰，象征主人过去生活经历的各种陈设品成为不可多得的装饰，这些东西也足以为书房的美式风格加分。

5.3.2 欧式田园风格

欧式田园风格主要分英式和法式两种田园风格。英式田园风格在于华美的布艺以及纯手工的制作，每一种布艺都乡土味十足，家具材质多使用松木、椿木，制作以及雕刻全是纯手工的，十分讲究（图2–5–15）；法式田园风格家具常做洗白处理及大胆的配色（图2–5–16）。

风格特点：

① 门的造型设计，包括房间的门和各种柜门，

图2–5–14 墨境——餐厅 田伟壮设计 选自《摩登样板间 美式田园》

图2-5-15 欧式田园风格客厅 于园设计
选自《摩登样板间Ⅲ欧式田园》

图2-5-16 欧式田园风格厨房、客厅背景 于园设计
选自《摩登样板间Ⅲ欧式田园》

既要突出凹凸感，又要有优美的弧线，两种造型相映成趣，风情万种。

② 柱的设计也很有讲究，可以设计成典型的罗马柱造型，使整体空间具有更强烈的西方传统审美气息。

③ 壁炉是西方文化的典型载体，选择家装时，可以设计一个真的壁炉，也可以设计一个壁炉造型，辅以灯光，营造西方生活情调。

④ 布艺饰品多是以白色、粉色、绿色为主，也有纯白色床头配以手绘图案的。

⑤ 灯饰设计应选择具有西方风情的造型，比如壁灯，在整体明快、简约、单纯的房屋空间里，传承着西方文化。

5.3.3 中式田园风格

中式田园风格注重汲取自然元素与中式园林设计的精髓，以接近大自然为主，多用大自然中的材料来使居住空间更像大自然。“采菊东篱下，悠然见南山”“天人合一”的境界就是中式田园的反映（图2-5-17、图2-5-18）。

图2-5-17 中式田园风格设计1 卓新谛设计
选自《禅意东方Ⅶ居住空间》

图2-5-18 中式田园风格设计2 卓新谛设计
选自《禅意东方Ⅶ居住空间》

风格特点：

① 选用木、石、藤、竹、织物等天然材料装饰。软装饰上常用藤制品，还有绿色盆栽、瓷器、陶器等摆设。

② 空间上讲究层次，多用隔窗、屏风来分割，用实木做出结实的框架，以固定支架，中间用棂子雕花，做成古朴的图案。

③ 家具的洗白处理及配色大胆、鲜艳。洗白处理使家具流露出古典家具的隽永质感，黄色、红色、蓝色的色彩搭配，则反映丰沃、富足的大地景象。

④ 装饰上，常用字画、古玩、盆景、精致的工艺品加以点缀，更显主人的品位与尊贵，木雕画以壁挂为主，更具有文化韵味和独特风格。

5.4 现代主义风格

现代主义也称功能主义，是比较流行的一种风格。现代主义追求时尚与潮流，非常注重居室空间的布局与使用功能的完美结合。它是工业社会的产物，其最早的代表是建于德国魏玛的包豪斯学校。其主题是要创造一个能使艺术家接受现代生产最省力的环境——机械的环境。这种技术美学的思想是20世纪室内装饰的最大革命，强调设计与工业生产的联系。现代主义风格一般用在描述建筑和室内作品及设计作品上。现阶段居住空间常见的现代主义风格流派有现代主义简约风格、白色派风格、解构主义风格和后现代主义风格。

5.4.1 现代主义简约风格

现代主义简约风格的特色是将设计的元素、色彩、照明、原材料简化到最少的程度，但对色彩、材料的质感要求很高。简约不等于简单，因此，简约的空间设计通常非常含蓄，往往能达到以少胜多、以简胜繁的效果（图2-5-19）。

图2-5-19 水景苑现代风格简约设计

风格特点：

① 现代主义简约风格设计不断采用最先进的技术，并保持自然材料的原始形态，从感觉上尽可能接近材料的本质，构筑也就回归到其本来的意义上。

② 没有装饰物或其他杂物，空间成为主导者，缺失的装饰、被削减的细节，使得结构揭示了建筑作为一种纯粹的价值而存在的意义。

③ 简约主义的建筑因为它对室内周到的关心而与传统建筑方式相联系，由建筑师设计整个项目的每个阶段和细节。

④ 用很少的装饰营造美的家居环境，重点是家具的精心摆放和选择陈设品。简化室内的装饰要素，可以使人的眼睛自由游荡，空间本身就是一个视觉放松的地方，让空间中的重点富有活力，除提供仅有的必需品外，不再放置其他东西。

5.4.2 白色派风格

白色派风格的建筑作品以白色为主，具有一种超凡脱俗的气派和明显的非天然效果，被称为美国当代建筑中的“阳春白雪”（图2-5-20）。

图2-5-20　水平线/色彩—生活的进行式　何俊宏设计　选自《台湾现代居住空间》

风格特点：

① 空间和光线是白色派室内设计的重要因素，往往予以强调。

② 室内装修选材时，墙面和顶棚一般均为白色材质，或者在白色中带有隐隐约约的色彩倾向。

③ 运用白色材料时往往暴露材料的肌理效果。如突出白色云石的自然纹理和片石的自然凹凸，以取得生动效果。

④ 地面色彩不受白色的限制，往往采用淡雅的自然材质地面覆盖物，也常使用浅色调地毯或灰地毯，也可使用一块色彩丰富、几何图形的装饰地毯来分隔大面积的地板。

⑤ 陈设简洁、精美的现代艺术品、工艺品或民间艺术品。绿化配置也十分重要。家具、陈设艺术品、日用品可以采用鲜艳色彩，形成室内色彩的重点。

5.4.3 解构主义风格

解构主义风格从解构主义演化而来，最终目的是给人们提供思维活动的手段。核心理论是对于结构本身的反感，认为符号本身已能够反映真实，对于单独个体的研究比对于整体结构的研究更重要（图2–5–21）。

图2–5–21 解构 罗亚希设计
选自《居住空间 第十九届亚太区室内设计大奖入围及获奖作品集》

风格特点：

① 整体构成形式无绝对权威，是个人的、非中心的、恒变的、没有预定设计、多元的、非同一化的、破碎的、凌乱的、模糊的。

② 建筑在整体外观、立面墙壁、室内设计等方面，都追求各局部部件和立体空间的明显分离的效果及其独立特征，真正的完整性应寓于各部件的独立显现之中。

③ 经解构主义设计精心处理地相互分离的局部与局部之间，往往存在着本质上的内在联系和严密的整体关系，并非是无序的杂乱拼合。

5.4.4 后现代主义风格

后现代主义风格是一种对现代主义纯理性的逆反心理，摒弃了现代主义的形式化的观念，强调时空的统一性与延续性，历史的互渗性及人性的主导作用。它追求“以人为本”的人文主义原则，一切以人的存在为中心（图2–5–22）。

图2–5–22 阳江保利银滩户型公共区域 何永明计
选自《摩登样板间II后现代新古典》

风格特点：

① 后现代主义风格强调建筑及室内设计应具有历史的延续性，但又不拘泥于传统的逻辑思维方式，探索创新造型手法，讲究人情味。

② 室内设置夸张、变形、柱式和断裂的拱券，或把古典构件的抽象形式以新的手法组合在一起。

③ 采用非传统的混合、叠加、错位、裂变等手法和象征、隐喻等手段，以期创造一种融感性与理性、集传统与现代、大众和行家于一体的，即“亦此亦彼”的建筑和室内环境。

5.5 地中海风格

地中海风格的设计在业界很受关注。地中海周边国家众多，民风各异，但是独特的气候特征还是让各国的地中海风格呈现出一些一致的特点。地中海风格的家居，会采用这些设计元素：白灰泥墙、连续的拱廊与拱门、陶砖、海蓝色的屋瓦和门窗。地中海风格的灵魂，业界比较一致的看法就是“蔚蓝色的浪漫情怀，海天一色、艳阳高照的纯美自然”（图2-5-23、图2-5-24）。

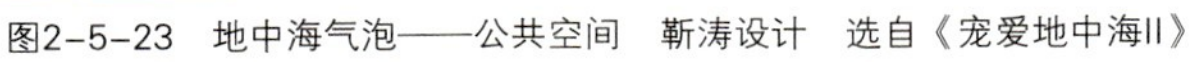

图2-5-23　地中海气泡——公共空间　靳涛设计　选自《宠爱地中海II》

图2-5-24　地中海气泡——卫浴空间　靳涛设计　选自《宠爱地中海II》

风格特点：

① 将海洋元素应用到家居设计中，给人自然浪漫的感觉。在造型上，广泛运用拱门与半拱门，给人延伸般的透视感。

② 在家具选配上，通过擦漆做旧增加历史斑驳感的处理方式，搭配贝壳、鹅卵石等，表现出自然清新的生活氛围。

③ 色彩上，以蓝色、白色、黄色为主色调，看起来明亮悦目。

④ 材质上，大多选用自然的原木、天然的石材等，用来营造自然浪漫的氛围。

5.6 东南亚风格

东南亚风格是来源于东南亚岛屿的一种风格，是东南亚民族岛屿特色与精致文化品位相结合的设计。这是一个新兴的居住与休闲相结合的概念，广泛地运用木材和其他的天然原材料，如藤条、竹子、石材、青铜和黄铜，深木色的家具，局部采用一些金色的壁纸、丝绸质感的布料，灯光的变化体现了稳重及豪华感（图2-5-25、图2-5-26）。

风格特点：

① 取材上以实木为主，主要以柚木（颜色为褐色以及深褐色）为主，搭配藤制家具以及布艺装饰（点缀作用）。常用的饰品有泰国抱枕、砂岩、黄铜、青铜、木梁以及窗落等。

② 在线条表达方面，比较接近于现代风格，以直线为主，主要区别是在软装配饰品及材料上。现代风格的家具往往都是金属制品、机器制品等，而东南亚风格的家具主要材料就是实木跟藤制。在软装配饰品上，现代风格的窗帘比较直观，而东南亚风格的窗帘都是深色系，而且还要是炫彩的颜色，它可以随着光线的变化而变化。

图2-5-25 东南亚风格 阿玛兰提那农舍——客厅 选自《热带风情Ⅰ》

图2-5-26 东南亚风格 阿玛兰提那农舍——餐厅 选自《热带风情Ⅰ》

③ 东南亚饰品富有禅意，蕴藏较深的泰国古典文化，所以它给人的感觉是：禅意、自然。

④ 在配色方面，比较接近自然，采用一些原始材料的色彩搭配。

⑤ 软装上采用中性色或者中性色对比色，比较朴实自然。其中，对大房子的建议色彩搭配是深色配浅色饰品，以及炫彩窗帘跟泰国抱枕；对小房子的建议色彩搭配是浅色搭配炫彩软装饰品。

5.7 混搭风格

混搭风格将古今文化内涵和东西方美学精华元素完美地融合于一体，充分利用空间形式与材料，创造出个性化的家居环境。混搭并不是简单地把各种风格的元素放在一起做加法，而是把它们有主次地组合在一起。最简单的方法是确定家具的主风格，用配饰、家纺等来搭配。中西元素的混搭是主流，其次还有现代与传统的混搭。在同一个空间里，不管是“传统与现代”，还是“中西合璧”，都要以一种风格为主，靠局部的设计增添空间的层次（图2-5-27、图2-5-28）。

风格特点：

① 主题风格明确，然后将设计风格一致，造型、色彩、材质各异的家具与能衬托此风格的室内装饰元素融合在一起，打造一种主体风格统一的居住空间。

② 色彩基调和谐，在大协调小对比的条件下，可以适当加入小面积的对比色，突出居住空间的家具、饰品。

图2-5-27 星园三期样板房——书房 王哲敏设计
选自《摩登样板间Ⅲ欧式田园》

图2-5-28 星园三期样板房——卧室 王哲敏设计
选自《摩登样板间Ⅲ欧式田园》

③ 融合不同风格、元素的家具自身的混搭，家具自身的设计也在不断变化，有很多家具出现混搭倾向，为混搭风格提供了良好的家具配置。

5.8 和式风格

和式风格也可称作日式风格，居住环境对日本人的色彩感觉及审美意识产生了深远影响。日本人空间意识极强，形成“小、精、巧”的模式，利用檐、龛空间，创造特定的幽柔润泽的光影。和式室内设计中色彩多偏重于原木色，以及竹、藤、麻和其他天然材料颜色，形成朴素的自然风格（图2-5-29）。

图2-5-29　和式风格

风格特点：

① 实用性远远高于其他风格的装饰，“一室多用”也是最佳的设计，这是其他风格的装饰所不能比的。

② 以简约为主，和式家居中强调的是自然色彩的沉静和造型线条的简洁，和式的门窗大多简洁透光，家具低矮且不多，给人以宽敞明亮的感觉。

③ 从选材到加工，和式材料都是精选优质的天然材料（草、竹、木），经过脱水、烘干、杀虫、消毒等处理，确保了材料的耐久与卫生，给人回归自然的感觉。

④ 榻榻米是居室重要的一部分，现代日式风格中榻榻米还肩负了地暖与收纳的功能。

思考与练习

1. 试述居住空间常见的空间形式及特点。
2. 通过网络资源，查找成功、完整的居住空间设计作品，归纳色彩搭配的配色方案。
3. 选择个人喜爱的居住空间设计风格形式，网络查找属于该设计风格的作品，体会该设计风格的特点。

第三章　居住空间装饰材料与施工工艺

第一节　常用表面装饰材料

1.1 吊顶饰面材料

1.1.1 普通石膏板

普通石膏板（图3-1-1）是由双面贴纸内压石膏而形成的，目前市场上普通石膏板的常用规格有1200mm×3000mm和1220mm×2440mm两种，厚度一般为9mm。其特点是价格便宜，但遇水、遇潮容易软化或分解。

适用范围：普通石膏板一般用于大面积吊顶和室内客厅、餐厅、过道、卧室等对防水要求不高的地方，可以做隔墙面板，也可做吊顶面板。

1.1.2 防水石膏板

防水石膏板是板芯石膏做了耐水处理。防水石膏板普遍用于卫生间或厨房的吊顶造型。防水石膏板规格与普通石膏板相同。

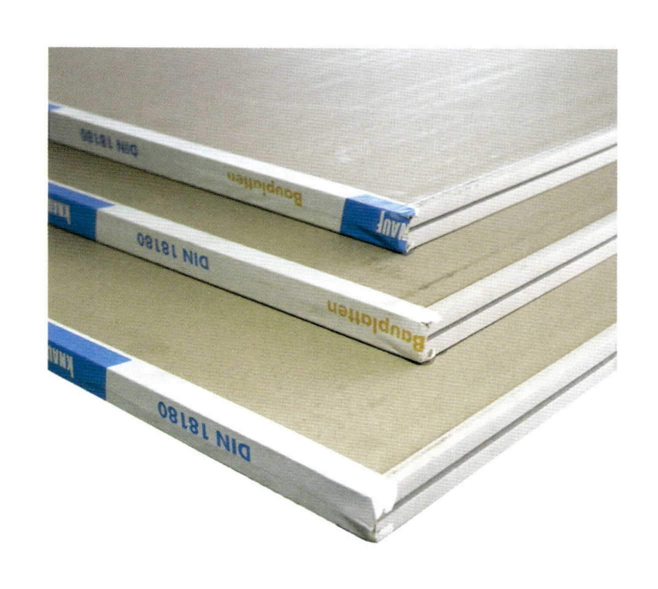

图3-1-1　石膏板

1.1.3 铝扣板

家装铝扣板（图3-1-2）在国内按照表面处理工艺主要分为喷涂铝扣板、滚涂铝扣板、覆膜铝扣板三大类，依次使用寿命逐渐增大，性能增高。铝扣板有长条形、方块形、长方形等多种规格，颜色也较多，因此在厨卫吊顶中有很多的选择余地。

适用范围：厨房和卫生间。

1.1.4 集成吊顶

集成吊顶（图3-1-3），又称整体吊顶、组合吊

图3-1-2　铝扣板

图3-1-3　集成吊顶

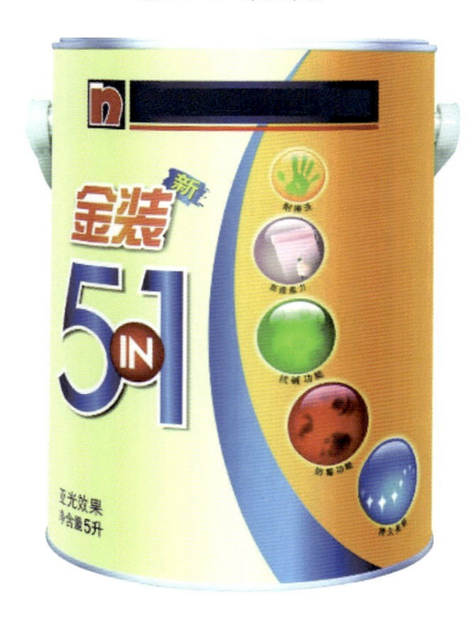

图3-1-4　乳胶漆

顶、智能吊顶，打破了原有传统吊顶的一成不变，真正将原有产品做到了模块化、组件化，可以自由选择吊顶材料、换气照明及取暖模块。

适用范围：厨房和卫生间。

1.2 墙面饰面材料

1.2.1 乳胶漆

乳胶漆（图3-1-4）是乳胶涂料的俗称，是以丙烯酸酯共聚乳液为代表的一大类合成树脂乳液涂料。乳胶漆按被涂物分为内墙和外墙乳胶漆等；按光泽效果分为无光、哑光、半光、丝光、有光乳胶漆等；按基料分为纯丙涂料、苯丙涂料、醋丙涂料、叔碳漆等；按装饰效果分为平涂、拉毛、质感涂料等；按溶剂分为水溶性乳胶漆、水溶性涂料、溶剂型乳胶漆等；按装饰功能分为通用型乳胶漆、功能型（抗菌、抗污等）乳胶漆等。

适用范围：乳胶漆适用于客厅、卧室、书房等污染较小的房间墙面和顶面。

1.2.2 饰面板

饰面板是常见于家庭装修中的一种面层的装饰材料，又称为装饰单板贴面胶合板。它是将木材切割成一定厚度的面板，再将面板粘在胶合板的表面，然后再经过热高压热压而制成。

适用范围：它能作为制造家具的表面面板，还能用于装修室内。

1.2.3 免漆板

免漆板（图3-1-5）是在5mm的密度板上压粘一层很薄的色纸，由于色纸的种类不同，因此免漆板可以有很多的花色。

适用范围：适用于衣柜、橱柜等固定家具制作。

1.2.4 壁纸

壁纸（图3-1-6）具有色彩多样、图案丰富、施工方便、价格适宜等多种其他室内装饰材料所无法比拟的特点，所以在欧美、东南亚等发达国家和地区得到相当程度的普及。壁纸分为很多类，如覆膜壁纸、涂布壁纸、压花壁纸等。

适用范围：适用于客厅、卧室、书房等房间墙面。

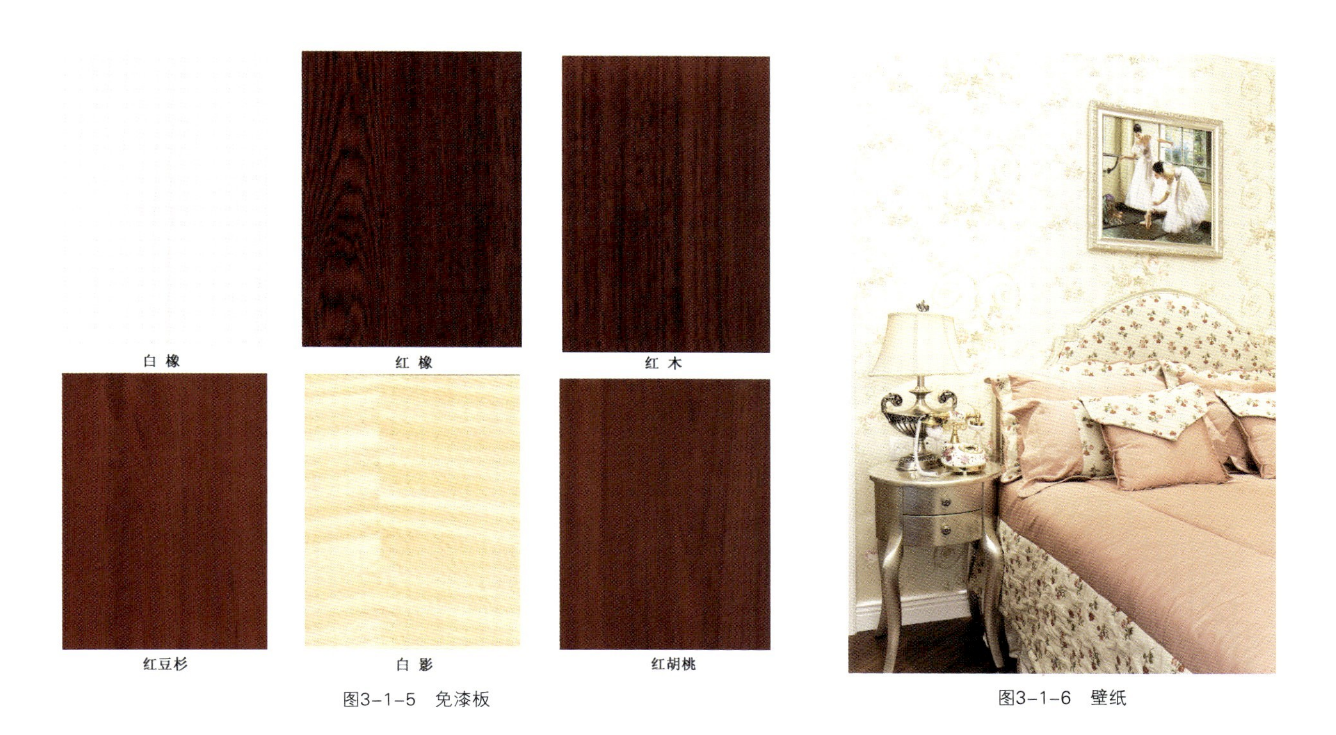

图3-1-5 免漆板

图3-1-6 壁纸

1.2.5 瓷砖

常用的墙地面瓷砖（图3-1-7）有釉面砖和玻化砖。通常地砖的规格有300mm×300mm、600mm×600mm、800mm×800mm等。墙砖的一般规格有200mm×300 mm、250mm×330 mm、300mm×450 mm、300mm×600 mm等。

适用范围：瓷砖具有优异的防水性能，所以适用于卫生间、厨房、阳台等墙面、地面。

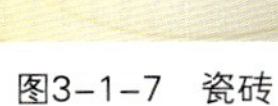
图3-1-7　瓷砖

图3-1-8　大理石

1.2.6 大理石

大理石（图3-1-8）主要用于加工成各种型材、板材。大理石分天然大理石和人工大理石两类，颜色种类丰富，均有较高的抗压强度和良好的物理化学性能，易于加工。

适用范围：客厅、卫生间、厨房的墙面、地面及台面材料。

1.2.7 烤漆玻璃

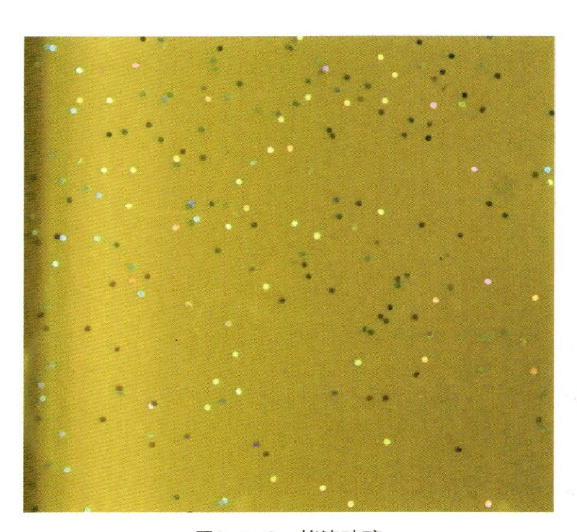
图3-1-9　烤漆玻璃

烤漆玻璃（图3-1-9）是一种极富表现力的装饰玻璃品种，可以通过喷涂、滚涂、丝网印刷或者淋涂等方式来体现。烤漆玻璃在业内也叫背漆玻璃，可分平面烤漆玻璃和磨砂烤漆玻璃。

适用范围：常用于室内局部墙面的装饰。

1.3 地面材料

1.3.1 实木地板

实木地板（图3-1-10）是木材经烘干加工后形成的地面装饰材料。它具有花纹自然、脚感舒适、使用安全的特点。实木的装饰风格返璞归真，质感自然。

适用范围：适用于卧室、书房、客厅的地面。

图3-1-10　波纹金刚柚实木地板

1.3.2 强化复合地板

强化复合地板（图3-1-11）通常为四层结构，随着科技进步，也出现了超过四层的强化木地板。强化木地板的规格主要是通过改变单板的长度、宽度和厚度来实现的。强化木地板的长度范围通常为1200～1820mm，而宽度为182～225mm，厚度为6～12mm。按一块地板宽度方向有几块地板图案就称为几拼板，可以分为单拼板、双拼板和三拼板。通常房间比较小的，宜采用双拼或三拼板，而房间比较大的则多选用单拼板。

适用范围：适用于客厅、卧室、书房等空间地面。

1.3.3 竹木地板

竹地板分多层胶合竹地板和单层侧拼竹地板。竹地板外观自然清新，纹理细腻流畅，防潮、防湿、防蚀，韧性强、有弹性、表面坚硬。

竹木复合地板（图3-1-12）是竹材与木材复合再生的产物。它的面板和底板采用竹材，芯层则多为杉木、樟木等木材。竹木复合地板具有竹地板的优点。此地板芯材采用了木材做原料，稳定性佳、结实耐用、脚感好、冬暖夏凉。

适用范围：适用于客厅、卧室、书房等空间地面。

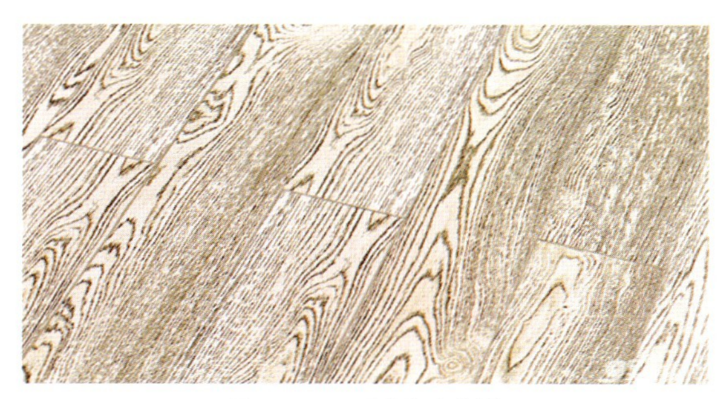

图3-1-11　强化复合地板

图3-1-12　竹木地板

1.3.4 地砖

（1）釉面砖

釉面砖（图3-1-13）是装修中最常见的砖种，由于色彩图案丰富，而且防污能力强，因此被广泛使用于墙面和地面装修。釉面砖是指表面经过烧釉处理的砖，根据光泽的不同分成光面釉面砖和哑光釉面砖。根据原材料的不同分为陶质釉面砖和瓷质釉面砖。陶质釉面砖由陶土烧制而成，吸水率较高，一般强度相对较低，主要特征是背面为红色。瓷质釉面砖，由瓷土烧制而成，吸水率较低，一般强度相对较高，主要特征是背面为灰白色。

（2）通体砖

通体砖（图3-1-14）的表面不上釉，而且正面、反面的材质和色泽一致。通体砖是一种耐磨砖，虽然现在还有渗花通体砖等品种，但相对来说，其花色比不上釉面砖。由于目前的室内设计越来越倾向于素色设计，因此通体砖越来越成为一种时尚，被广泛使用于厅堂、过道和室外走道等装修项目的地面；一般较少会使用于墙面。多数的防滑砖都属于通体砖。

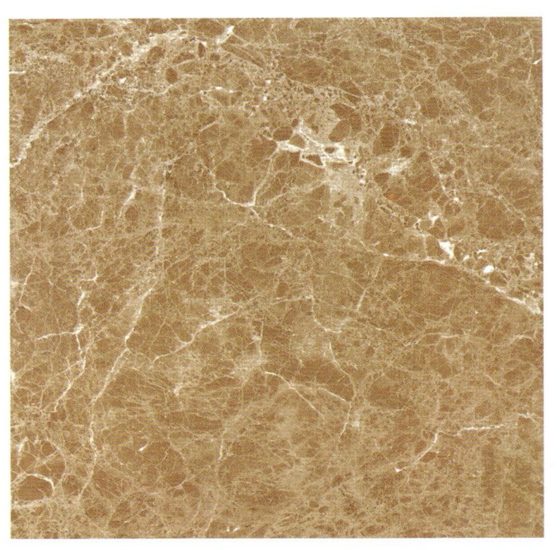

图3-1-13　釉面砖

图3-1-14　通体砖

（3）抛光砖

抛光砖（图3-1-15）是通体砖坯体的表面经过打磨而成的一种光亮砖，属于通体砖的一种。相对通体砖而言，抛光砖的表面要光洁得多。抛光砖坚硬耐磨，适合在除洗手间、厨房以外的多数室内空间中使用。在运用渗花技术的基础上，抛光砖可以做出各种仿石、仿木效果。

抛光砖抛光时会留下凹凸气孔，这些气孔会藏污纳垢，甚至一些茶水倒在抛光砖上都无法清除。针对这一点，一些质量好的抛光砖在出厂时都加了一层防污层，但这层防污层又使抛光砖失去了通体砖的效果。如果要继续通体，就只好继续刷防污层了。装修界也有在施工前打上水蜡以防黏污的做法。

（4）玻化砖

为了解决抛光砖出现的易脏问题，又出现了一种玻化砖。玻化砖其实就是全瓷砖。其表面光洁但又不需要抛光，所以不存在抛光气孔的问题。

玻化砖（图3-1-16）是一种强化的抛光砖，它采用高温烧制而成，质地比抛光砖更硬、更耐磨。毫无疑问，它的价格也更高。玻化砖主要适用于地砖。

图3-1-15 抛光砖

图3-1-16 玻化砖

（5）马赛克

马赛克的体积是各种瓷砖中最小的。马赛克组合变化的种类非常多，比如在一个平面上，可以有多种表现方法：抽象的图案、同色系深浅跳跃或过渡、为瓷砖等其他装饰材料做纹样点缀等。对于房间曲面或转角处，玻璃马赛克更能发挥它小身材的特长，把弧面包盖得平滑完整。马赛克一般分为陶瓷马赛克、玻璃马赛克、熔融玻璃马赛克、烧结玻璃马赛克、金星玻璃马赛克（图3-1-17）等。马赛克除正方形外还有长方形和异形品种。

图3-1-17 玻璃马赛克

1.4 门窗材料

1.4.1 门窗套

门窗套（图3-1-18、图3-1-19）的制作材料很多，家庭装修中大部分以木材为

图3-1-18　门套

图3-1-19　窗套

主，也有极少数使用金属材料和塑钢材料。门窗套根据其制作工艺可分为现场制作和工厂制作两种；根据其选材不同，又可分为实木套和复合套两种。实木套由一种实木制作而成，复合门窗套则大多由底层和面层组成。

适用范围：室内各空间门、窗、垭口的装饰保护。

1.4.2 木线条

现场制作的门窗套，还需要安装木线条（图3-1-20），木线条的发展经历了这样一个过程：20世纪90年代家装刚兴起的时候，门套收口采用胶合板对角粘贴的方法，后来发展成为安装木线条，线条宽度从100mm到80mm再到60mm，线条也由凹凸造型发展为平板造型。线条的对角方式从45度角对角发展成为直板对接。

图3-1-20　木线条

1.4.3 木门

木门（图3-1-21）即木制的门。根据木门的材料可划分为免漆门、复合门、实木门、实木复合门等，其中免漆门和复合门因其价位较低所以市场使用量大，实木门和实木复合门价位较高，只有少数人使用。根据木门的造型可划分为平板门、凹凸门、玻璃门、平板造型门和凹凸造型门。免漆门（图3-1-22）花色众多，款式繁多，正成为多数家庭安装木门的首选。

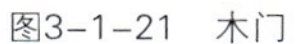

图3-1-21　木门

图3-1-22　免漆门

1.4.4 推拉门

推拉门（图3-1-23）又称滑动门、移门，是现代家庭室内的常用门，主要安装在阳台、厨房、卫生间、隔断等部位，也有的将衣柜由传统的对开门换成推拉门。

推拉门由于其开门的方向是来回推拉，不像木门推开轨迹呈扇形，占地空间较大，所以一些空间较紧促的地方，安装推拉门即可解决问题。

推拉门按结构分为三部分，一部分是滑轨，一部分是门框，最后就是门框中的主板。目前滑轨和门框多采用铝镁合金材质，主板有玻璃和免漆板等。

图3-1-23　推拉门

图3-1-24　三聚氰胺板

1.4.5 三聚氰胺板

三聚氰胺板（图3-1-24），是经过刨花板表面砂光处理，单层贴纸，表面再进行热压处理，有进口和国产色纸之分，其质量与表面色纸以及中间的刨花板有关。由于在制作过程中，需要使用大量的胶黏剂，因此，三聚氰胺板的环保系数不高。

在国内，三聚氰胺板是制作门、橱柜、浴室柜、衣帽间、家具的常用材料，由于材质松软，所以不宜作为门套的底板。

第二节　居住空间设计常用装饰构造

居住空间装修构造是指除主体结构部分以外，按照设计师的设计意图，正确选择与使用室内装修材料及其制品，对相关室内空间环境中与人接触的部分以及看得见的部分进行装修的装饰施工做法。

在居住空间具体项目的装修设计中，装修构造应该与建筑、艺术、结构、材料、设备、施工、经济等方面密切配合，从而提供出合理的施工装修方案。这些装修方案既可作为装修中综合技术方面的依据，又是实施装修构想至关重要的手段，它本身就是居住空间装修的重要组成部分，如果处理不合理的话，不但会直接影响居住空间的使用和美观，而且还会造成人力、物力的巨大浪费，甚至导致不安全因素的发生。所以在居住空间装修中要综合各方面的因素来分析、比较，以选择合理的装修施工做法方案，从而获得良好的居住空间环境装饰效果。这里我们将展现一些常见的装饰构造，在设计时可供参考。

2.1 吊顶常用装饰构造

吊顶常用装饰构造如图3-2-1所示。

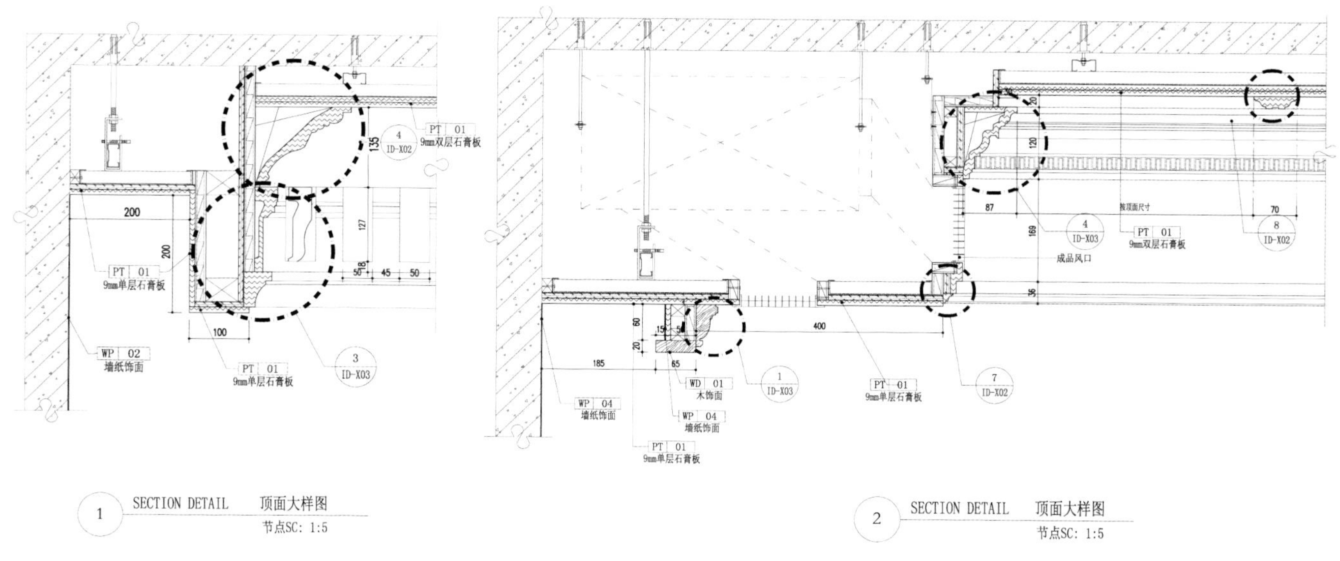

图3-2-1　吊顶节点

2.2 墙面装饰常用装饰构造

墙面装饰常用装饰构造如图3-2-2所示。

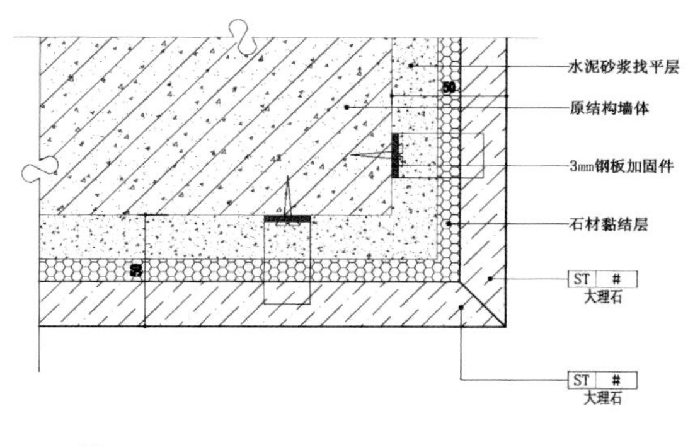

1 SECTION DETAIL 墙面造型大样图
节点SC: 1:2

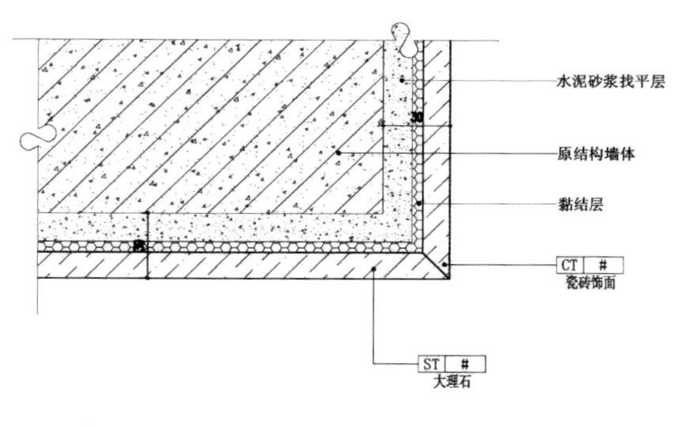

2 SECTION DETAIL 墙面造型大样图
节点SC: 1:2

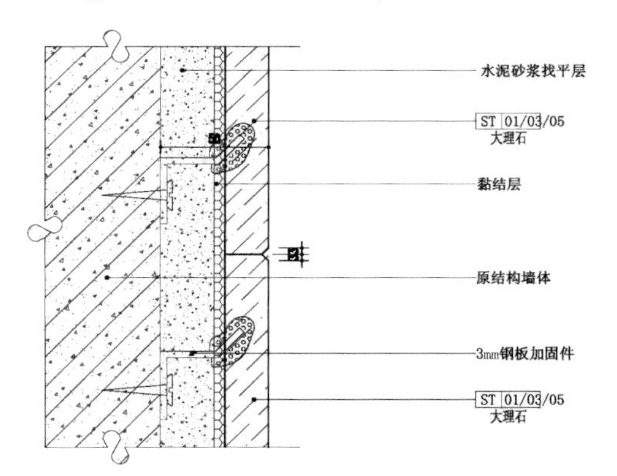

3 SECTION DETAIL 墙面造型大样图
节点SC: 1:2

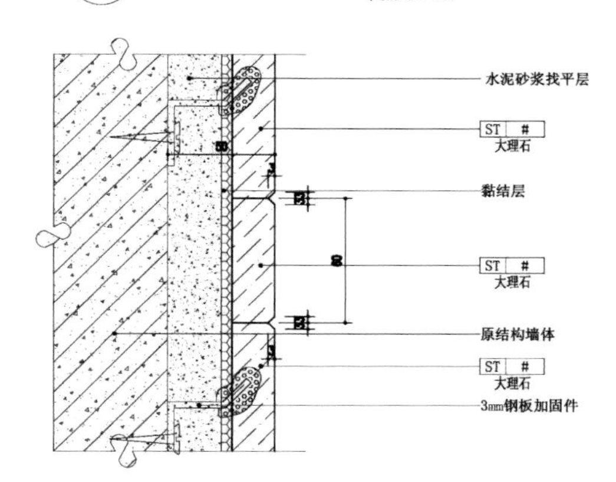

4 SECTION DETAIL 墙面造型大样图
节点SC: 1:2

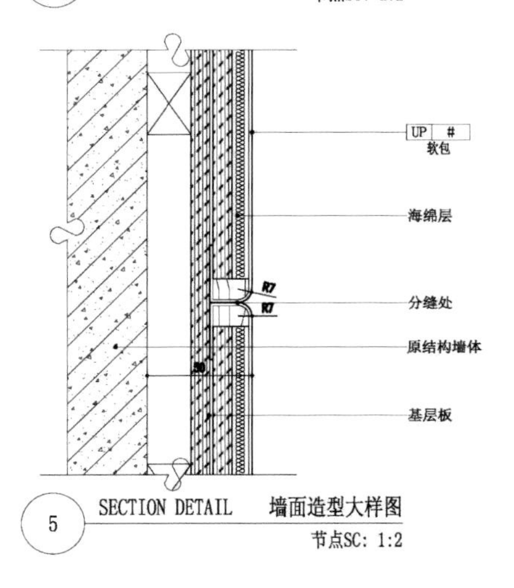

5 SECTION DETAIL 墙面造型大样图
节点SC: 1:2

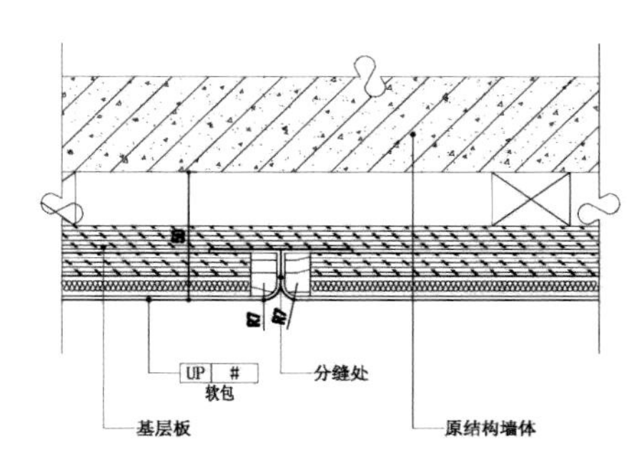

6 SECTION DETAIL 墙面造型大样图
节点SC: 1:2

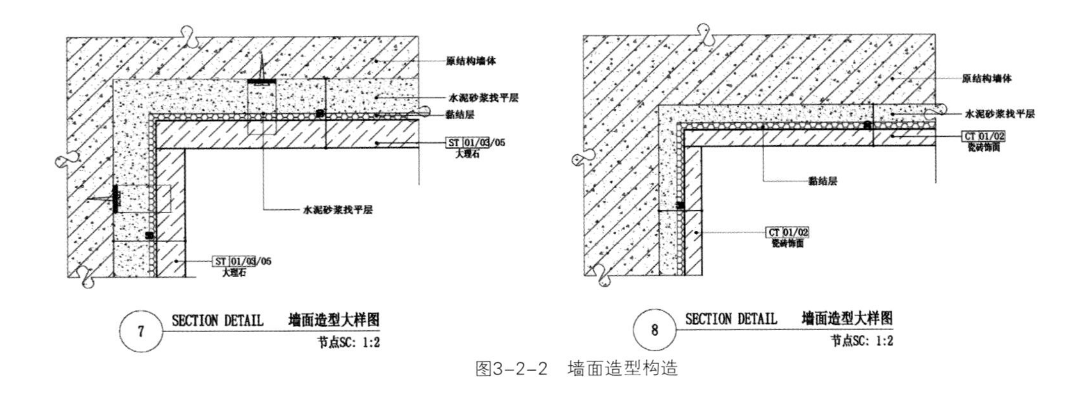

图3-2-2 墙面造型构造

2.3 卫生间常用装饰构造

卫生间常用装饰构造如图3-2-3所示。

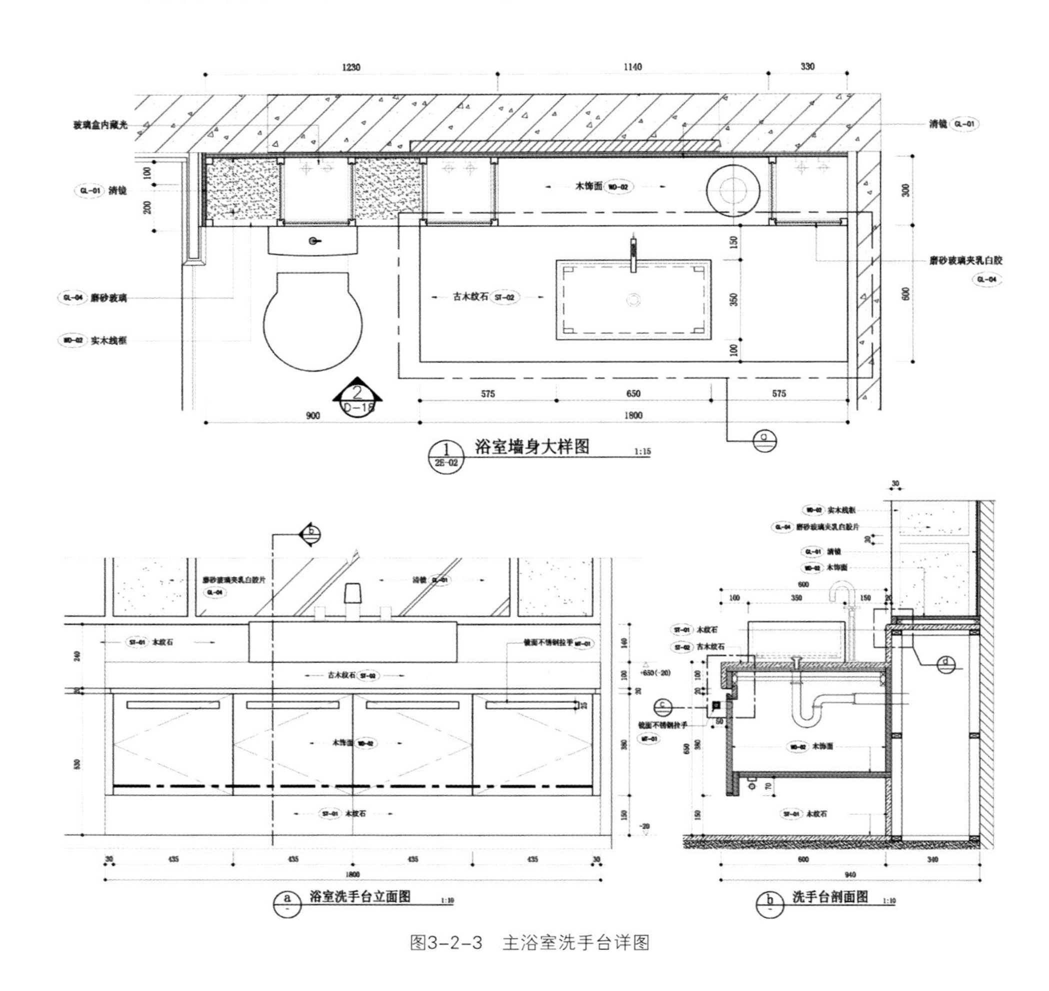

图3-2-3 主浴室洗手台详图

思考与练习

1. 请到建材市场进行调研，分类记录常用建筑装饰材料名称、规格、适用范围。
2. 任选一种居住空间装饰造型，试分析其装饰构造。

第四章　居住空间设计专项训练

第一节　公共活动区域

1.1 门厅

门厅也称玄关，连接着住户内部居室和外部公共梯道，是家居空间的入口处，起到空间过渡的作用。门厅是家庭成员日常出入必经的空间，同时也是接待客人的开始和结束，具有收纳性和装饰性，集中体现了主人的生活品位与情趣变化，成为设计中不可忽视的一个环节。

门厅的设计要点如下。

1.1.1 空间布局

由于受到条件的限制，有些户型没有独立的门厅，应尽可能设计出一个门厅空间，提供视觉遮挡和收纳的功能。例如通过设置隔断或通过家具形成隔断，对内部空间形成遮挡，起到视觉缓冲的作用，以避免客人一进门就对室内一览无余。收纳区域的布置应尽可能位于开门的一侧，在门厅较小的情况下也要尽量寻找可用空间，避免门厅凌乱不堪现象的发生（图4–1–1）。

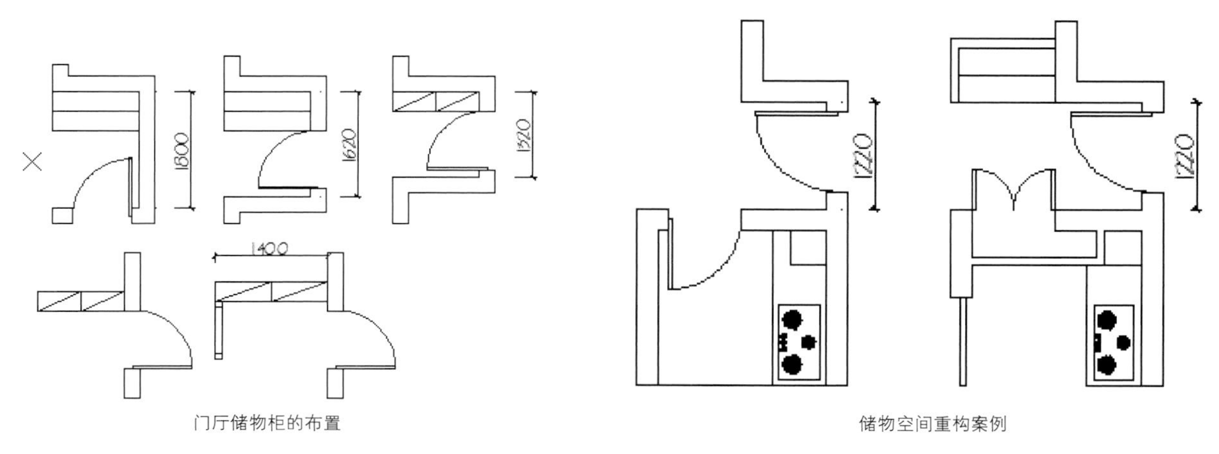

图4–1–1　门厅空间布局

1.1.2 家具设施

门厅的家具主要是收纳家具，如鞋柜、更衣柜等。在空间面积有限的情况下可使用超薄型鞋柜，安装吊柜与收纳架对玄关进行有效收纳。在面积允许的情况下可增设换鞋凳。家具布置时要考虑对讲机和开关的位置，保证无遮挡，方便使用。

门厅收纳功能主要包括鞋类、衣物、随身物品等（图4–1–2）。

鞋类：经常穿的鞋、拖鞋。

衣物：外套、居家服。

随身物品：手提包、钥匙、运动包、围巾、墨镜、帽子。

其他：雨具、外出健身器材（如羽毛球拍、网球拍等）。

图4–1–2　没有鞋柜空间的门厅也可使用薄型鞋柜

1.1.3 材料与色彩

门厅是家居使用频率较高的地方，一般采用防水、耐磨、易清洁的材料，如面砖、石材等。门厅的位置一般采光不足，色彩以明亮、轻快为宜。

1.1.4 采光与照明

面积较小的户型门厅一般缺少自然采光，考虑换鞋、换装、取钥匙时的照明需要，应保证有足够的亮度照明。灯光效果应根据空间面积合理安排，常用的灯具有吸顶灯和造型较为简洁的顶灯，不适合用太豪华的吊灯或者是水晶灯，针对功能区域设置重点照明，在保证照度的同时使空间富有层次，使门厅处显得空间宽敞而且宁静（图4–1–3）。

图4–1–3　使用功能齐全的门厅

1.2 起居室

起居室集家庭成员团聚、起居、休息、会客、娱乐、视听活动等多种功能于一体，是家庭公共活动和接待来访者的场所，也称为客厅。起居室往往是家居环境中最大的空间，使用最频繁，具有多功能性，因此在设计中与其他空间有一定的区别，设计时应充分考虑到对空间的弹性利用。起居室的主要功能是满足家庭成员公共活动的需要，反映着家庭成员对物质和审美情趣的追求，设计时应充分考虑到对起居室的装饰和艺术效果，要反映居住者的喜好、文化品位、社会地位等。

起居室的设计要点如下。

1.2.1 空间布局

起居室的布置以多功能为出发点，通常以聚谈区域为布置中心，辅以视听设备、储藏家具等从而实现视听功能、阅读功能，形成主次分明的空间布局格式（图4–1–4）。

图4–1–4　客厅增加书架借用聚谈区域成为阅读空间

1.2.2 家具与设施

起居室的家具有沙发和茶几，通过家具组织出聚谈区。视听设备包括电视机和音响，多数家庭配有电视机和电视柜，利用陈列柜或电视机柜来收纳视听物品和陈设艺术品。制冷制热设备有空调、散热器等，设计空间布局时应提前考虑散热器或空调位置的预留以及与家具的位置关系。可适当布置些陈设小品，摆放一些绿化植物，提高起居空间的精神内涵。

1.2.3 材质与色彩

通常，人在起居室逗留的时间相对较长，根据使用者的倾向，应首选耐磨、易清洁的材质。墙面可以使用墙漆、墙纸等装饰，地面可以用木地板、复合地板、陶瓷地砖和石材等铺设。面积较大的起居室宜采用明度适中的中性色为主色调，以营造一个温馨大气的氛围；而小面积的起居室宜采用偏冷高明度的淡雅色调，以求得空间的扩大感。辅助色可以选用明度不高但带有活泼、跳跃性的色彩，同时不宜太强烈和刺激，以免给人造成烦躁感。

1.2.4 采光与照明

起居室对灯光的要求较高，照明设计可采用不同用途的多种照明方案，利用多层次的照明提升空间的层次，满足日常生活中，如阅读、上网、听音乐、交谈、看电视等，对照明的不同需要。例如，阅读时要保证较高的明度，确保眼睛的舒适性，减少视觉疲劳。可在沙发旁增加局部照明，设置落地灯或台灯，提供阅读照明。视听时，需要柔和的照明效果，可采用局部照明，或较暗的背景照明。交谈时，可在沙发边设置暖光源的落地灯营造出融洽的谈话空间，缩短主客之间的心理距离（图4–1–5）。

图4–1–5　客厅采光照明设计方案

1.3 餐厅

餐厅是人们日常进餐和举行家庭聚餐、招待客人的空间。它不仅给人们提供了享用美味佳肴的空间，还是亲友之间情感交流的社交场所，怎样合理设计使就餐便捷、舒适，营造出轻松怡人的就餐环境，是餐厅设计的最终目标（图4–1–6）。

餐厅的设计要点如下。

单位：mm

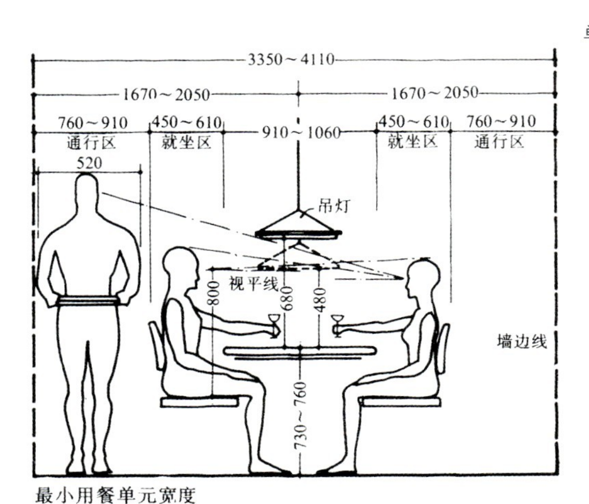

图4–1–6　餐厅中的尺寸

1.3.1 空间布局

餐厅的空间在很大程度上依赖于原有建筑的户型，在面积条件允许的情况下最好采用独立餐厅的形式，有利于营造温馨的就餐氛围。如果必须采用与客厅相连通或与厨房相结合的形式，也尽量要划分出一个相对独立的就餐区。如墙面、地面采用不同质地的材料、色彩和灯光等，独立划分出就餐区域。餐厅的主要功能是提供用餐的场所，主要分为就餐区和储藏区，就餐区的设置尽量靠近厨房，方便备餐工作。储存区设在餐桌旁边，便于就餐时拿取辅助用品等。

1.3.2 家具与设备

餐厅的家具主要由餐桌、餐椅和餐边柜组成。餐厅家具配置的核心是餐桌，最常用的是方桌或圆桌。餐桌的大小和形状，应根据餐厅的面积大小和空间形状来确定。餐椅结构要求简单，可选择与餐桌配套或单独购置，与整体餐厅风格相协调，选择时主要考虑其造型、尺寸和坐感的舒适度。另外，设计时应考虑就餐区域牙签、餐巾纸之类的零碎物品的摆放，空间允许的情况下增设餐边柜以方便收拾餐桌时暂时移放的物品和部分餐具、茶具、酒水饮料以及酒杯等物品的储存。

1.3.3 材质与色彩

餐厅的地面应尽量采用防水、易清洗的材料，如面砖、石材等。墙面材料根据距离就餐区域与墙面的位置，选择度较广，首选易清洁的材料，如面砖、石材、木材、pvc壁纸等。在一些面积较小的餐厅中，可以适当运用镜面材质，形成空间增大的感觉。从色彩的心理作用来看，餐厅宜采用暖色调，有利于刺激食欲，营造温馨感。从空间的主次关系角度来设计，餐厅的色彩宜与客厅整体色调相协调。

1.3.4 采光与照明

光源可以考虑使用暖光源，以达到餐厅氛围所需的温馨、舒适要求，营造出融洽的用餐氛围。灯具的选择要结合餐桌的形状、家具的款式以及室内的风格、色调等，可从美观出发根据餐桌形状选择多头型灯具，也可从功能出发选用简洁的下射型灯具，把光线重点投射在聚餐的范围之内，增强食物的美感，增加用餐者的食欲（图4–1–7、图4–1–8）。

图4–1–7 明亮轻快的餐厅（宜家家居

图4–1–8 庄重厚重的餐厅

1.4 走道与楼梯

走道与楼梯在家居空间中属于交通空间，起到联系和组织空间的作用。楼梯是通道空间中重要的部分，也是家居空间中视觉的焦点。从形式上可以分为直行楼梯、弧形楼梯和旋转楼梯三种。

走道与楼梯的设计要点如下。

1.4.1 空间布局

家居户型设计中，应充分利用空间尽量减少交通面积，如利用墙壁一侧或顶面设置储物柜，预留出符合人在空间穿行的宽度的同时还需满足大件物品搬运的需要。节约空间的同时还需兼顾美观的需要，如可利用楼梯平台和走道拐角或尽端等位置设计视觉中心，形成视觉变化，减少幽深感，增加装饰效果。

1.4.2 基本尺寸

楼梯的设计更加注重规范性，楼梯一边凌空时，宽度不得小于750mm，当两侧有墙时，应不小于900mm，套内楼梯的踏步宽度应不小于220mm，高度应不大于200mm，扇形踏步转角距扶手边250mm处，应不小于220mm。

1.4.3 材质与色彩

家居走道和楼梯的主要功能是保证安全通行。走道宜采用防滑、易清洁的材料，如面砖、石材等，楼梯宜采用坚固耐用、安全性好、防滑的材料，如钢材、木材、石材等。

1.4.4 采光与照明

走道空间的使用频率较高，考虑使用特点，在设计走道照明时应设置双控开关和长明灯，方便夜间活动。走道空间一般宜采用吸顶灯、筒灯等，楼梯宜选用吊灯，增加楼梯空间的形式美感。

1.5 阳台

阳台是人们种植植物、沐浴阳光、观赏室外环境、呼吸新鲜空气、晾晒衣物等活动的场所，是沟通室内与室外的过渡空间，在住宅套型中具有其他居住空间难以取代的特殊作用。根据使用功能，通常把阳台分为生活阳台和服务阳台。生活阳台供生活起居使用，一般设于阳光充沛的南向，起居室或卧室的外侧（图4–1–9）。服务阳台多与厨房或餐厅连接，是家居生活中进行杂务活动的场所，满足住户储藏、放置杂物、洗衣、晾衣等功能需求。阳台设计强调与户外环境的融合，使人们在家就可以接触到室外的阳光、空气。由于中国大部分地区冬季寒冷、夏季炎热的气候特点，人们越来越倾向于在阳台沿口安装玻璃窗，形成封闭式阳台。封闭式阳台更强调与室内的融合，使阳台成为室内空间的一部分。

阳台的设计要点如下。

1.5.1 空间布局

服务阳台一般设置在无阳光的位置，主要在厨房、卫浴间或餐厅一侧。主要分为清洁用品收纳区、洗衣区、晾晒区、其他杂物储藏区等。布置服务阳台时应考虑上下水管的位置，优先布置洗衣区，晾衣区应尽量设计在阳台顶部，收纳区应尽量利用墙面空间。生活阳台一般设计在有阳光的位置，主要分布在客厅、卧室、书房一侧。功能区域以住户个性为出发点布局，一般主要设有休息区、植物种植区等。

1.5.2 家具与设施

阳台的家具主要有储藏区的储藏家具和休息区的座椅等。储藏家具应尽量结合墙面，根据物品尺寸定制搁架、吊柜用以分类储藏。休息区设置的座椅等应考虑阳台的阳光以及潮湿程度，可配置室外家具以防锈、防腐蚀。阳台的设施主要包括洗衣机、洗衣池、空调外机、煤气炉等。

1.5.3 材质与色彩

阳台由于长期接受日晒雨淋、浇花以及晾衣的需要，墙地面宜选用防水、防滑、易清洁的材质，如面砖、石材等，顶面宜采用防水、防腐、方便检修的材料，如集成吊顶或塑扣板吊顶。阳台的色彩可根据业主个性特点和户型大小而定，一般面积较小的户型宜选用与室内整体色调统一的色彩，强调空间的整体性。

1.5.4 采光与照明

阳台是家居环境中采光最充足的空间，应尽量避免对阳光的遮挡，保证室内空间的采光充足。照明设计根据空间功能需要，服务阳台应尽量使用照度高、显色性好的光源，根据空间布局分布灯具位置。如洗衣区可单独设置一盏灯具，满足上班族夜间洗衣的需要。生活阳台可设置光线柔和、形式美观的吊灯，增加阳台的悠闲氛围。

图4-1-9 晾晒和收纳功能的生活阳台（宜家家居）

第二节　私密活动区域

2.1 卧室

卧室是家居空间中私密等级最高的空间，同时也是核心功能区域之一，主要提供睡眠、休息功能，同时也可增加更衣、收纳、卫浴、梳妆、学习等功能。人的生命中有三分之一的时间都是在睡眠中度过的，睡眠活动要求环境安静、舒适、温馨，因此卧室设计需要在让人感到舒适、安静、安全和健康的基础上，表现使用者的个性特点和品位格调。

卧室根据使用人群的不同，一般可分为主卧室、子女卧室、老人卧室等。功能分区的多少，应视房型结构、空间大小以及客户的意愿而定（图4-2-1）。

卧室设计要点如下。

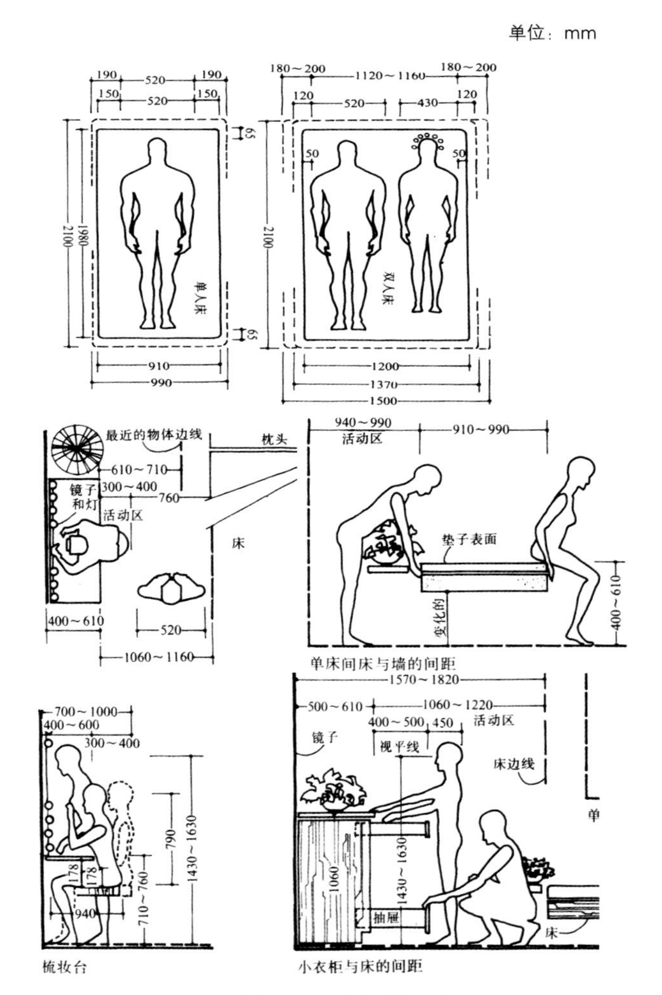

图4-2-1　卧室中的尺寸

2.1.1 空间布局

卧室的主要功能是睡眠，在安静的环境里才能够保证人们睡眠的质量，因此卧室的设计需要尽量远离公共活动区，如客厅、门厅等。床不宜正对着门放置，避免一开门就让人看到床，也不宜放在临窗部位，因为靠窗处冬天较冷，夏天又太热，而且开关窗户不便。根据使用者不同，不同的卧室适宜不同的布局方式。卧室的布置应以睡眠区域为中心而展开，增设更衣和其他区域（图4-2-2）。

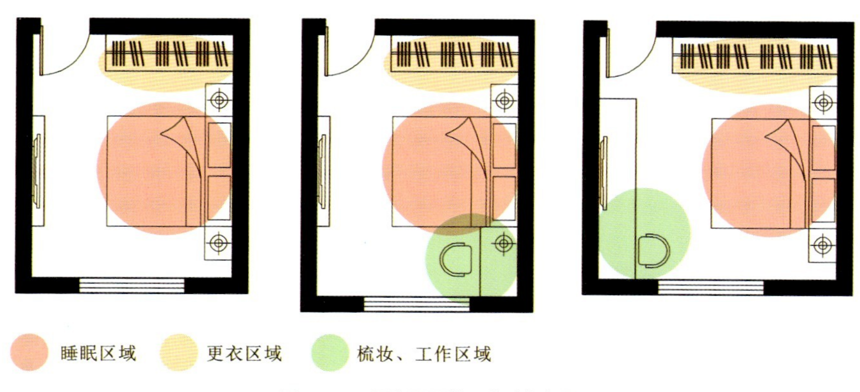

图4-2-2 面积不同的几种卧室布局

2.1.2 家具与设施

（1）主人卧室的设计

主卧室一般为夫妻二人居住，是夫妻共同的私人空间。主卧室一般设置双人床，床头靠墙体中间布置，两侧分别设置床头柜，以方便取放零碎物品。除了床和床头柜以外，还可根据人们的生活习惯设置衣柜、梳妆台、书桌、电视机柜、休闲沙发等。

（2）儿女卧室的设计

儿女卧室的家具需要充分考虑到使用者的年龄、性别、性格等个性因素以及成长不同阶段的需求。婴幼儿期（0~6岁）的儿女卧室，需要考虑到与照看者房间相邻或合住，配置婴儿床或单人床和一块游戏活动区域。童年期（7~13岁）的儿女卧室应具备休息、学习、游戏以及交际功能，一般配置儿童床、小型书桌。青少年期（14~18岁）的卧室，配置单人床、衣柜、书桌以及书柜（图4-2-3、图4-2-4）。

图4-2-3 婴幼儿期的儿女房设计（宜家家居）

图4-2-4 童年期的儿女卧室设计（宜家家居）

（3）老人卧室的设计

老人卧室的家具主要以床和床头柜为主，考虑到老年人的坐卧习惯，空间宽裕的可设置单人沙发和茶几。考虑到老人的行动范围应留有无障碍通道。家具的款式应尽可能简洁，以节省空间。

（4）客人卧室

客人卧室主要配置床，家具宜少不宜多，布局和陈列的样式应以简洁为主。

2.1.3 材质与色彩

卧室的地面应具备保暖性，常采用实木地板、复合木地板、地毯等材料，并在适当位置辅以块毯等饰物。墙面可使用墙纸、墙布、乳胶漆、部分软包装饰。主人卧室宜选用安静、温馨的色调，有利于营造良好的休息气氛，一般选择暖和的、平稳的中间色，如乳白色、浅灰色、米黄色等。老人卧室地面宜选用防滑的材料，色彩上宜选用沉静、平稳同色系的色彩搭配。儿女卧室注重装饰材料的环保性，宜选用较鲜亮的色彩（图4-2-5、图4-2-6）。

图4-2-5　温暖柔和的中间色调卧室　选自《室内设计与装修》

图4-2-6　儿童卧室中鲜艳的绿色墙纸　鬼手帕设计

2.1.4 采光与照明

卧室应保证充足的采光，一般选择有阳光直射的空间为宜，阳光可以杀灭空气中的细菌和微生物，保证人体的健康。卧室的灯光应以有益休息和睡眠为出发点，灯光布置应以柔和为主，以缓解白天紧张的生活压力。照明采用一般照明与局部照明相结合的混合照明方式。卧室适宜使用柔和光源以满足休息需要，卧室的照

图4-2-7　光线柔和的卧室　选自《室内设计与装修》

明可分为照亮整个室内的天花吊灯、床头灯以及低照度的夜灯。天花吊灯应安装在光线不刺眼的位置，床头灯可使室内的光线变得柔和，低照度的夜灯可以使房间充满浪漫、温馨的气氛（图4-2-7、图4-2-8）。

图4-2-8 低照度的混合照明使卧室充满宁静的氛围

2.2 书房

书房作为人们阅读、书写及业余学习、研究、工作的空间，它是为个人而设的私人世界，是最能表现居住者习性、爱好、品位和专长的场所。一般家庭的书房主要有独立式、半敞开式和敞开式几种。书房的形式和规模，一般根据房间大小和主人职业、身份、藏书多少来设计（图4-2-9）。

书房的设计要点如下。

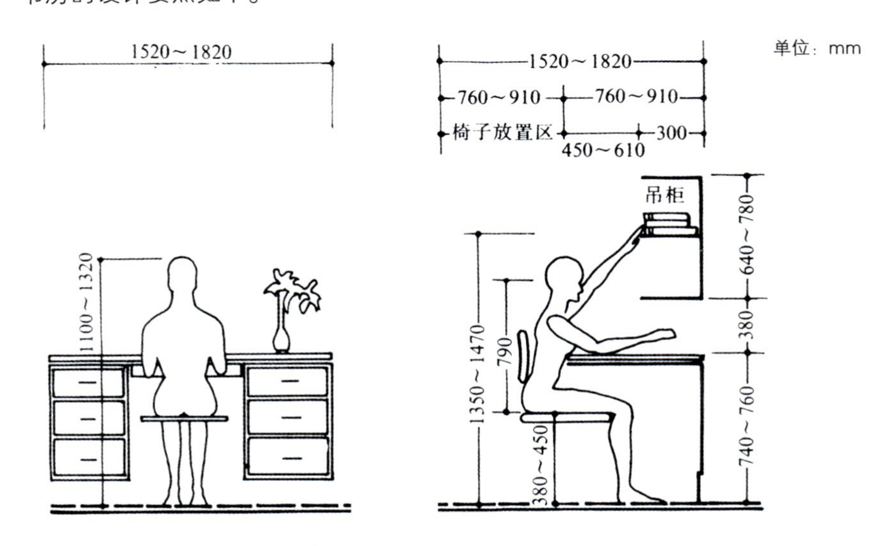

图4-2-9 书房中的人机尺寸

2.2.1 空间布局

书房的私密等级因人而异，从工作角度来说，书房应尽可能远离嘈杂的公共区域。书房的平面布置需要从使用者的职业和学习工作习惯出发，一般包括工作区、交流区和储物区几个部分。工作区是书房布置的中心，应处在相对稳定且采光较好的位置，和储物区应尽可能靠近，方便工作时资料的拿取。交流区受到书房面积影响，根据空间布局因地制宜。

2.2.2 家具设置

书房的家具一般由书桌、书柜组成，根据面积大小可增设座椅、沙发、茶几等，以方便交流和休息。

2.2.3 材料与色彩

书房讲求安静，噪声会降低工作效率，并加速疲劳，现代书房要求室内噪声级小于50 dB。墙面可使用吸音板、板材或软包处理，地面宜选用地毯、木地板等材料结合，顶面选用吸音石膏板吊顶，以防止噪声的传播与叠加。在书房中工作和学习要求冷静、注意力集中，色彩不宜过于耀目，应避免大面积高明度、具有刺激性的色彩，主色调宜选择纯度适中的中性色，产生安静、雅致、和谐的氛围，有助于集中精神和放松身心。书房也可搭配小面积纯度较高的点缀色来调节视觉感，打破空间的沉闷感。

2.2.4 采光和照明

书房尽可能使用天然光，书桌一般放在阳光不能直射但光线充足的位置，或与床成直角摆放，为阅读提供最佳的光线角度，也可以避免窗户对电脑屏幕产生眩光。书房最好安装能调节光线的百叶窗帘。人工照明可选用有遮光设施的荧光灯作为主光源，增加台灯和落地灯作为局部照明，如选用带有磨砂的灯罩和可以调节照射角度的台灯。人工照明光线进入的最佳位置从书本正上方或左侧射入，避免头和手部落下阴影，避免将光源置于正前方，产生反射眩光。

2.3 卫浴间

随着人们生活水平的不断提高，对卫浴间以及其中的卫生设施和环境要求越来越高，卫生间设计已经成为住宅设计的重点。卫浴间的主要功能是如厕、盥洗、洗浴，有时也兼具化妆、洗衣、清洁卫生、洗理用品的贮藏等功能；在设计上必须做到全面考虑、合理安排，既要符合美观与实用相结合的原则，又要充分表达出个人情趣和个性特点。

卫浴间的设计要点如下。

2.3.1 空间布局

卫浴间的空间有限，设计时要符合人体活动空间尺度，以满足人在一定空间内活动的自由度。

根据使用功能，卫浴间可以分为综合式布置和分离式布置。综合式布置就是将如厕、盥洗、洗浴安排在一个空间内；分离式布置就是根据使用性质和空间结构，将几个区域分开布置，功能明确，减少相互干扰。

在套型面积允许的条件下，有些套型拥有一个以上的卫生间。设计时注意加以区分，一般选择靠近公共区域的作为公共卫生间，一般包括盥洗盆、坐便器、淋浴房等，装饰以耐磨、易清洗的材料为主；设置在房间内，仅供房间主人使用作为主卫，设计时注重使用者的生活习惯，可设置坐便器、盥洗盆、淋浴房或浴缸。

如图4-2-10所示，图a是综合式布置，各功能区相互穿插，使用方便，早高峰时会造成不便。图b是半分离式布置，将盥洗区单独分离，有效地解决了早高峰使用不便的问题。图c是全分离式布置，将功能区域全部分离，最大程度地解决多人使用的问题。

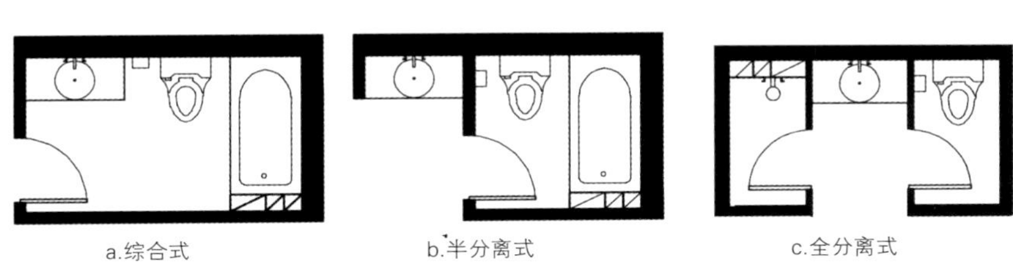

a.综合式　　b.半分离式　　c.全分离式

图4-2-10　卫浴间不同的布局方式

2.3.2 家具与设施

卫浴间的主要设施包括洗浴区的浴缸、淋浴器，如厕区的坐便器，盥洗区的面盆、镜子等，辅助设施包括取暖器、毛巾架、厕纸盒等，根据家庭生活习惯还会配有洗衣机、智能坐便器等。在设计时，洗衣机需考虑入排水口以及插座的预留，智能坐便器需要考虑到入水口的预留以及插座的预留。家中有老人的应考虑在坐便器和浴缸周围安装扶手。卫浴间家具主要包括储藏类家具，尽量考虑和卫浴设施结合的设计形式以节省空间，方便取用，如放置镜柜、面盆柜等（图4-2-11）。

单位：mm

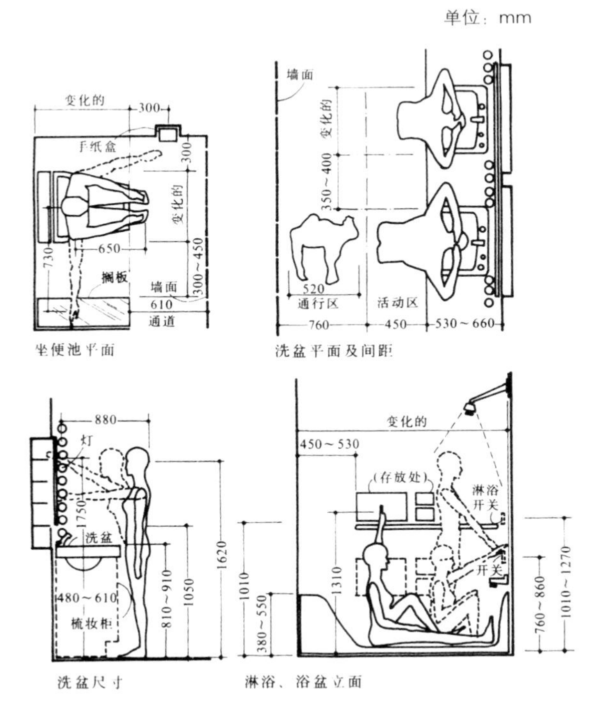

图4-2-11　卫浴间的尺寸

2.3.3 材质与色彩

卫浴间中各界面材质应具有较好的防水性能，且易于清洁。地面材质选择极为重要，其材质要有较好的防水性、防滑性、排水性并易于打理，可选用陶瓷防滑地砖，以有效地防止事故发生。墙面宜选用防水、防霉变的材料，如釉面砖等。顶面宜选用防水材料，还要考虑便于对管道的检修。由于卫浴间在家居空间中通常面积较小，主色调应选择明度高、纯度低的单色调，在视觉和心理上产生扩张感，还应考虑到背景色彩与所选的清洁用具相协调。

2.3.4 采光与照明

卫浴间需要直接对外采光通风，有采光的卫生间室内明亮，便于检查卫生间内是否清洁。灯光设计可分镜前照明、沐浴区照明和一般照明三部分。在镜前区域应设置重点照明，考虑化妆的功能要求，宜选用显色性好、光线柔和的局部照明。化妆功能对于照度和光线角度也有较高要求。如果空间允许，可在镜子两侧安装镜前灯；如果空间不够，也应在镜子的顶部、位于人脸前方的位置布置一盏灯。沐浴区是沐浴放松的地方，应选择温暖舒适的暖色光源，可安装集照明、取暖与排风功能于一体的浴霸作为局部照明。较大的卫浴间应配置一般照明，可选择荧光光源的吸顶灯。卫生间比较潮湿，应选用具有防水、防潮、防腐蚀功能的灯具。

第三节　家务活动区域

3.1 厨房

作为家居环境中最重要的工作空间，厨房的设计已经越来越受到人们的重视，成为家居环境设计中最为精细的空间。

厨房的设计要点如下。

3.1.1 空间布局

厨房宜与早餐台或餐厅相邻，方便备餐与整理餐具。厨房的空间形式主要有封闭式、开放式及半开放式三种（图4–3–1）。

封闭式适合传统中式烹调空间，防止油烟污染其他厅室；开放式适合厨房使用频率不高或以西餐为主的家庭使用，不适宜大量热炒等加工；半开放式有一部分封闭的烹饪间，用来进行油烟较多的操作，与餐厅相结合部分用作冷餐加工等无油烟、少水汽的操作。

厨房根据主要功能可分为四个区域，清洗区、备餐区、烹饪区和储藏区。布置时先将这几个功能安排好，尽量将四个区域按照烹饪工作的顺序安排路线（图4–3–2）。四种功能区域结合不同的空间尺寸，一般可分为I形、L形、U形三种类型（图4–3–3）。

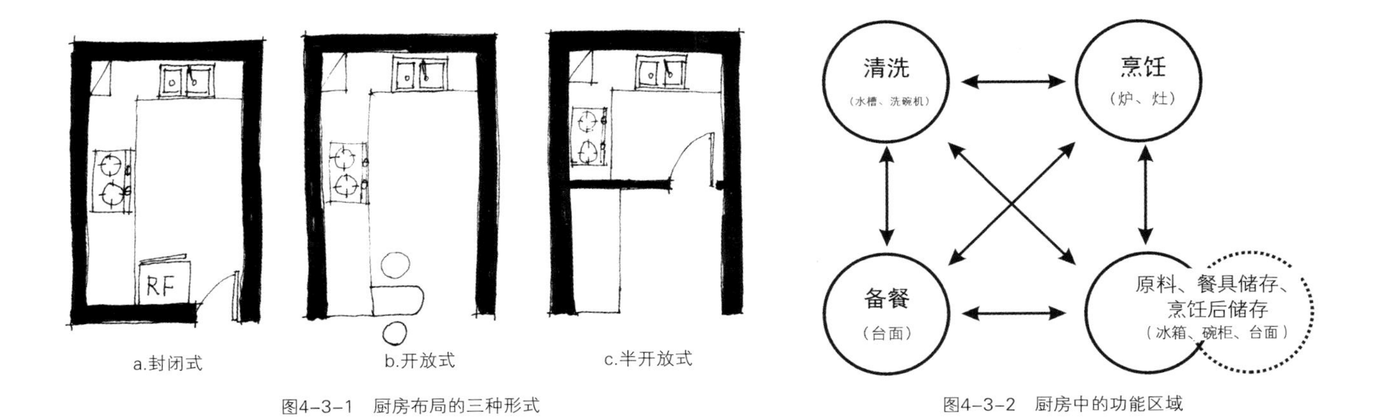

图4-3-1 厨房布局的三种形式

图4-3-2 厨房中的功能区域

图4-3-3 厨房三种类型的分布方式

清洗区的位置最好设计在窗台前，光线充足和较好的通风都有利于清洁卫生。烹饪区避免设计在窗前，防止风熄灭火苗引起燃气泄漏；烹饪区的布置最好和风管的距离控制在2米以内，距离越近吸烟效果越好；冰箱和烹饪区保持一定距离，防止烹饪时温度过高引起电器事故。现代厨房电器品种日益增多，住宅设计中厨房的面积往往不能满足使用需求，在台面区域不足的情况下，可将冰箱放在餐厅或临近厨房的位置。

3.1.2 家具及设施

厨房的基本设施有洗涤池、操作台面、灶具、吸油烟机、冰箱、微波炉等。家具主要有以储藏为主要功能的储物柜，尽量采用组合式吊柜、吊架，结合各种设施设计的整体橱柜，以合理利用一切储物空间。厨房的家具尺寸等一定要符合人体工程学的要求，以利于操作的方便，降低劳动强度（图4-3-4）。

单位：mm

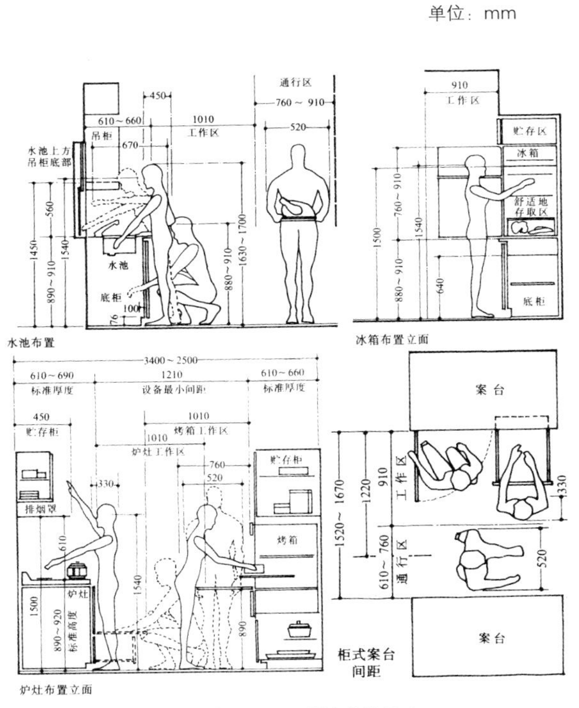

图4-3-4 厨房中的尺寸

3.1.3 材质与色彩

厨房的各个界面应考虑防水和易清洁这一特点，通常地面可采用防滑地砖，墙面使用面砖，顶面使用集成吊顶或塑扣板等防水性好并易清洁的材质，方便管线的检修。

厨房宜选择活泼明快的色彩，以暖色或浅色为主，营造轻松气氛。厨具或橱柜的色彩应与主色调形成统一的色彩关系，不宜安排反差过大的色彩，色彩过多过杂，在光线反射时容易改变食物自然色泽而导致操作者在烹饪食物时产生错觉。

3.1.4 采光与照明

厨房的灯光设计要求明亮，没有阴影，因此厨房灯光需分成两个层次。一是对整个厨房的一般照明，二是对洗涤、准备、操作的重点照明。一般照明可以选择顶灯或结合吊顶的嵌入式灯具，重点照明可以在操作区域上方安装橱柜灯，能有效地增加局部照明度。带玻璃隔板和内置灯的玻璃门橱柜方便看清内置储物，同时在厨房形成舒适的背景照明。厨房灯具没必要选择豪华型的，但灯具的亮度一定要够，光线太昏暗的厨房会影响人的心情，饭菜的质量也会受到影响。厨房光源一般选择有较高显色性的，以正确显示水果、蔬菜的原色，以荧光灯为佳（图4–3–5、图4–3–6）。

图4–3–5　温馨的厨房设计　宜家家居

图4–3–6　清爽的厨房设计

3.2 储物间

许多居室因储存空间不够，使得整个空间显得杂乱而拥挤。随着住房条件的进一步改善，人们的生活多元化之后，住户对储藏空间的需求和质量要求变得越来越高。因此，在空间允许的条件下，可以设置一间储物间，方便物品的收纳。根据所储存的物品分类，储物间可分为储藏衣物和床上用品的衣帽间与储存电器、清洁用品、运动器材等的杂物间。

储物间的设计要点如下。

3.2.1 空间布局

储物间的空间布局主要根据其他空间的布局，利用零碎角落，或将一些使用率不高、面积较小且不规则的空间改为储物间。储物间根据空间布局形式主要分为独立式布局和贯穿式布局两种（图4–3–7）。

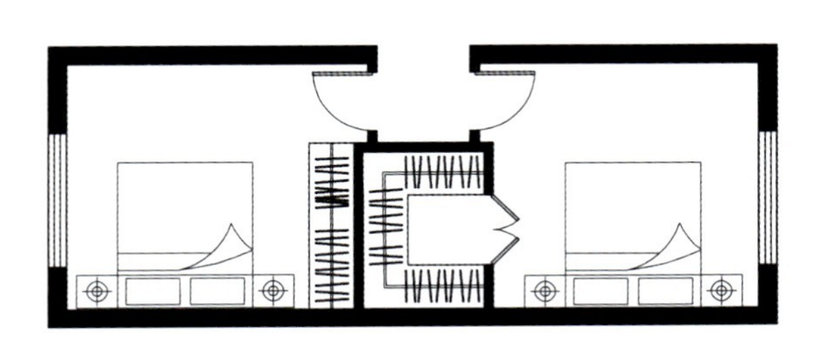

a.独立式储物间

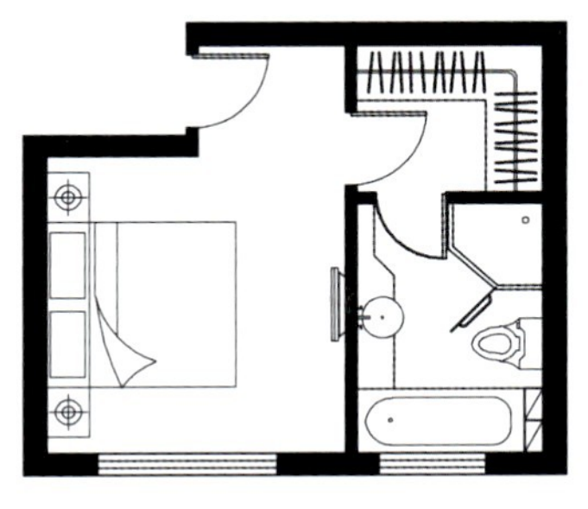

b.贯穿式储物间

图4-3-7　储物间的空间布局形式

衣帽间的布局大体可分为更衣区、储物区，根据空间大小还可以增设梳妆区、整理区和熨烫区。杂物间主要根据家庭储藏习惯，用于储藏清扫用具、行李箱、电风扇等暂时不用的物品，有利于物品收纳和家务整理（图4-3-8）。

图4-3-8　功能齐全的衣帽间（宜家家居）

3.2.2 家具与设施

储藏间的家具应根据收纳物品的尺寸来设计，同时要考虑到物品的使用频率和摆放位置。衣帽间中的基本设施有挂杆、抽拉层板、抽屉、更衣镜、旋转衣架、裤架、下拉式挂杆等新型五金件（图4-3-9）。

单位：mm

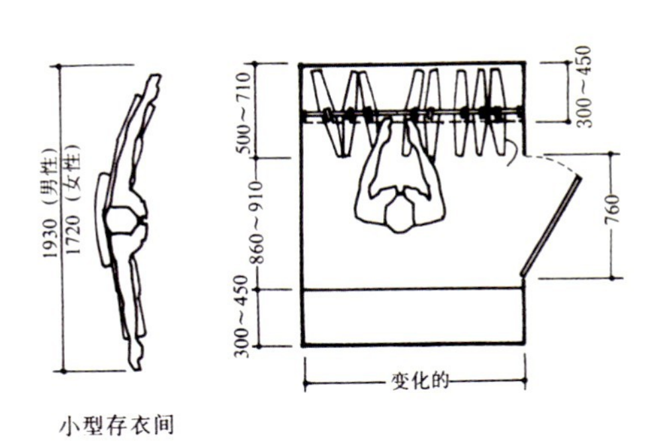

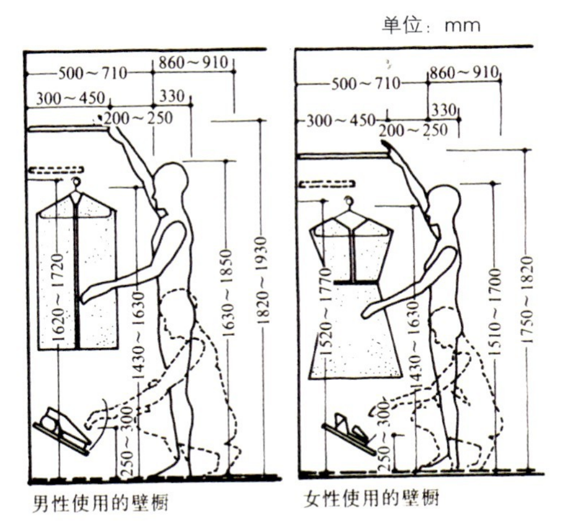

图4-3-9　储物间的尺寸

3.2.3 采光与照明

储物间可以是非直接采光，但需考虑空气流通，门可设计成百叶格状，以避免潮湿季节物品生虫发霉。储物间内应设置显色性好的光源，根据面积大小设置均匀的照明分布，以方便放置和取用物品。对于面积比较大的储藏间可采用衣柜灯进行局部照明。

3.2.4 材质与色彩

储藏间的墙面应采用较光滑、易清洁的材质，柜体和隔板可以选用光滑干净的饰面板材制作。储藏间宜选用差异于衣服颜色的色彩，若存放深色衣物居多，最好选择浅色底材；如果白色衣物居多，则不妨考虑深色材料。在色相选择上可根据使用者的个人倾向，具有很大的灵活性（图4-3-10）。

图4-3-10　储物间使用与物品差异的色彩便于查找

思考与练习

1. 试述居住空间公共活动分类及布局特点。
2. 试述居住空间私密活动分类及布局特点。
3. 试述居住空间家务活动分类及布局特点。

第五章　小户型公寓设计

第一节　小户型公寓设计原则

1.1 小户型空间的类型

现代社会，小户型居室逐步成为年轻人的首要选择。小户型居室已经成为居住体系中一个重要组成部分。

小户型居室一般居室面积在60m^{2}以下，特点是面积小，空间紧凑，但能够满足人们最基本的生活需求。小户型的使用对象大多是生活观念与消费观念新颖、追求时尚与个性的、以单身青年或新婚夫妇为主体的居住群体。设计师根据现代年轻人的住房要求和经济状况，对小户型进行室内设计，其主要设计理念是舒适性、实用性、经济性。

1.2 小户型空间设计要点

1.2.1 合理安排空间布局和流线

设计时需对每个功能空间尺度进行精心推敲，将活动性质类似的功能空间尽量合并，进行统一布置，对活动性质不同的空间进行分隔，达到人流动静分区，主要使用区域和次要使用区域合理划分的目的。合理的空间布局、适宜的流线设计，直接影响到空间的使用功能，可以提高空间的使用率，节省使用面积。

1.2.2 保持空间的开敞

小户型空间应尽量避免绝对的空间划分，保持空间的开敞。设计时可以根据空间的私密等级选择将厨房、餐厅、卧室等采用开放式布局，利用各空间区域相互渗透，提高空间的使用率。尽量采用家具、色彩或者高差的变化来组织划分空间，使居住者拥有较为宽阔的活动空间，这样既可以保证空间的宽敞性，又满足了人们的使用功能要求，提高了空间的利用率。

1.2.3 家具的选择

小户型空间家具的选择，主要从使用功能出发，根据实际尺寸选择定制家具来利用墙面空间，或选择具有可移动、可折叠、可拆装、可组合、多功能等特点的家具，这样既可以解决功能上的需求，又节省了空间（图5–1–1至图5–1–3）。

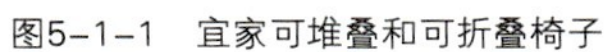

图5-1-1　宜家可堆叠和可折叠椅子

图5-1-2　宜家诺顿折叠式餐桌

图5-1-3　宜家比约斯伸缩型餐桌

1.2.4 细分收纳空间

小户型居室空间面积狭小，应尽量利用零碎空间，根据收纳物品的特点、使用情况等分类储藏，可以避免互相影响，同时对临近使用空间的设置，可以方便查找取用。例如卫生间需要有存放卫生纸、清洁剂、各类化妆品等的储物空间（图5-1-4）；卧室除了放置衣物的空间外，还需要设置用于存放被褥、枕头等较大件物品的储藏空间。

图5-1-4　盥洗台下方化妆品的收纳

1.2.5 色彩的合理设计

色彩的选择在小户型装修中也是十分重要的。如果色彩选择不合理，可能会导致原本狭小的空间显得更加拥挤。因此，在色彩上一般以浅色调或中色调为主，这些色彩具有扩散性和后退性，给户主以清新、明朗、宽敞的感受。

第二节　小户型设计案例解析

2.1 案例一　40㎡小户型设计

星河澜月湾C户型

项目简介：本案为套内面积约40²小户型公寓式住宅。原始户型（图5-2-1）为贯通式布局，除了卫浴间以外没有固定的功能空间分隔。本项目供单身青年居住。

业主信息：年龄25岁，从事教育工作，对设计的功能性要求较高。

设计要求：在原始空间布局的基础上略作改造，将各种功能区域放置在一个开敞式空间之内，尽可能包含睡眠、起居、就餐、烹饪、卫浴、工作、视听、收纳等家居空间的基本功能区域。

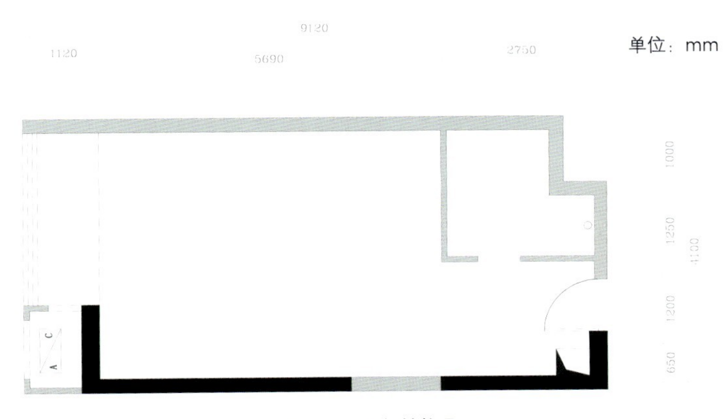

图5-2-1　原始结构图

空间布局：室内空间根据距离入口的距离做动静分区，以起居区为分界，区分出以睡眠和工作区为主体的静区，以起居区和厨房为主的动区，实现动静分离。在功能分区上，将功能并列的区域临近布置。睡眠区和以沙发为中心的休息区临近布置，将以收纳区和厨房区为主的家务空间临近布置以便提高工作效率（图5-2-2、图5-2-3）。

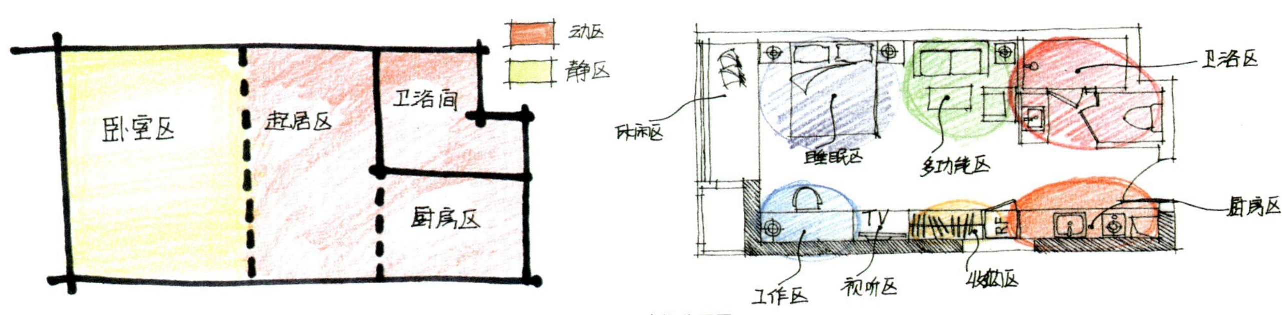

图5-2-2　功能分区图

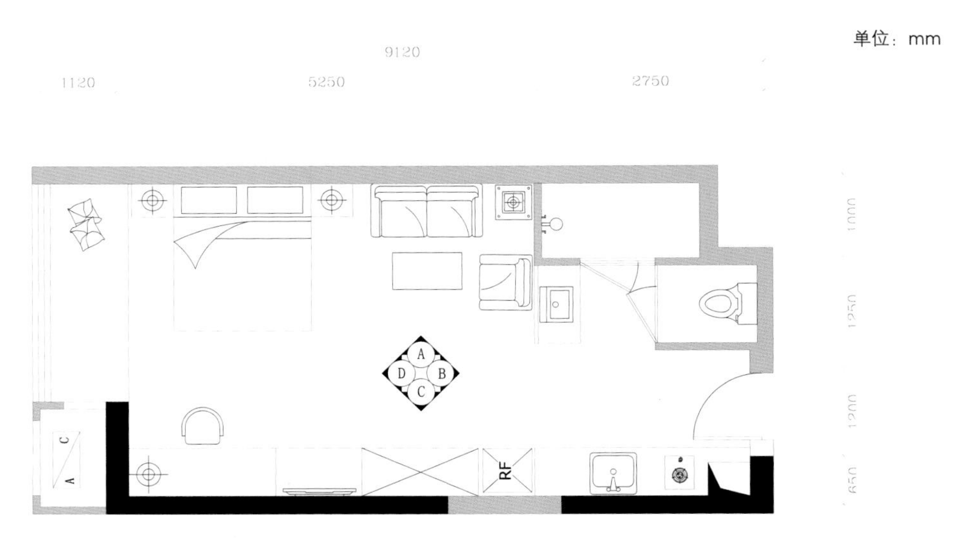

图 5-2-3 平面布置图

家具和设施：对于小户型空间来说，合理利用每一寸空间显得十分重要，家具的功能和尺寸尽可能根据空间的实际情况设计定制。该案例将墙体一侧的家具设计为固定家具，整体橱柜将厨房的烟道、洗涤槽、冰箱整齐地收纳。电视柜和工作桌根据使用功能不同设计成宽度相同、高低不同的形式，在视觉上整体感较好。沙发选择坐深较窄的款式，以单人位和双人位结合的布置形式增加空间的灵活度，节约空间面积。该户型为一字形布局，仅有一面窗户通风，室内通风情况较差，卫浴区需加设排风扇以加快室内废气的排出（图5-2-4）。

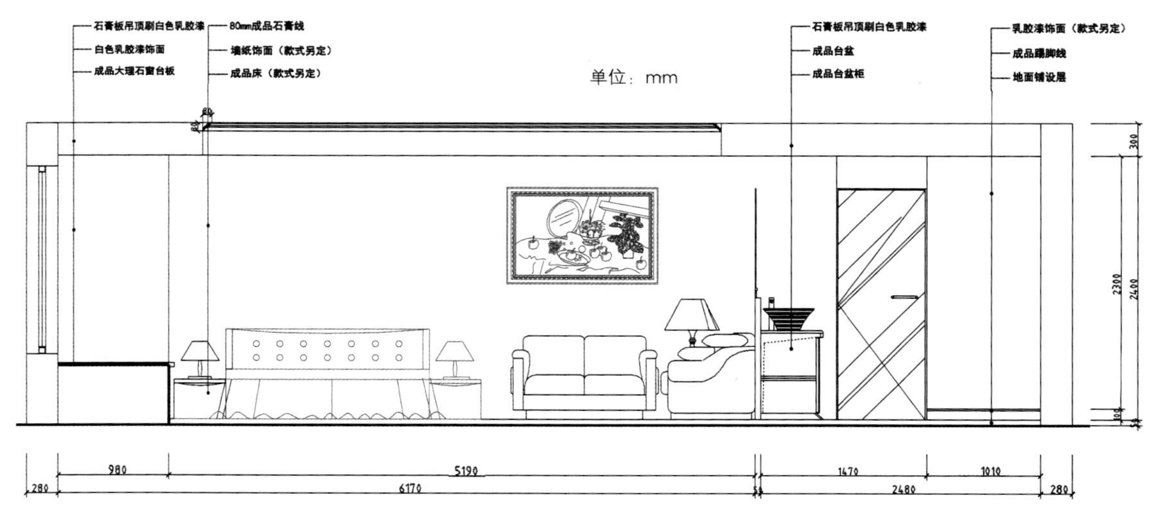

图 5-2-4 A立面图

材质和色彩：该户型为单身公寓，居住人员单一，设计时从空间的特点和使用者的个性需求出发，使用浅咖啡色地面砖和墙纸为背景，建筑装饰以简洁为主，而橱柜和书桌等工作区域的家具选用和背景同色系的深色木质材质，从色彩上增强空间的整体性。沙发和床等休息类家具则选用浅色的布艺材质，增加家具和人的亲和度，提高空间的舒适感（图5-2-5）。

采光和照明：该户型空间的采光面积较大，室内采光较好，本案将卫浴间做开敞式处理，利于光线的扩散，淋浴区和坐便区都采用镀膜玻璃分隔，有效利用自然采光。照明方式采用一般照明和局部照明相结合，在各个功能区域使用台灯、射灯增加有效照明，增强空间的层次感（图5-2-6）。

图 5-2-5　实景图

图 5-2-6　干湿分离的卫浴间

2.2 案例二　60m²小户型设计

项目简介：本案例为套内面积约60.5²小户型公寓式住宅，原始户型（图5-2-7）为一房一厅一厨一卫。各个空间的采光通风条件较好。本项目供青年夫妇居住。

业主信息：夫妇二人均从事设计行业，平时工作忙碌，周末喜欢邀朋友在家聚会。

设计要求：在原始空间布局的基础上略作改造，使各项基本功能满足生活需要，同时考虑业主的个性特点和生活习惯。业主要求满足起居、就餐、工作、会客、视听、睡眠、收纳、梳妆、烹饪等各项功能，在满足功能的同时还要考虑美观的需要。

空间布局：该户型将卧室作为静区做封闭空间处理，将门厅、卫浴间、厨房、起居室、就餐区域作为动区。设计中将门厅区域作为收纳区域，将门后的空间利用，设计成

单位：mm

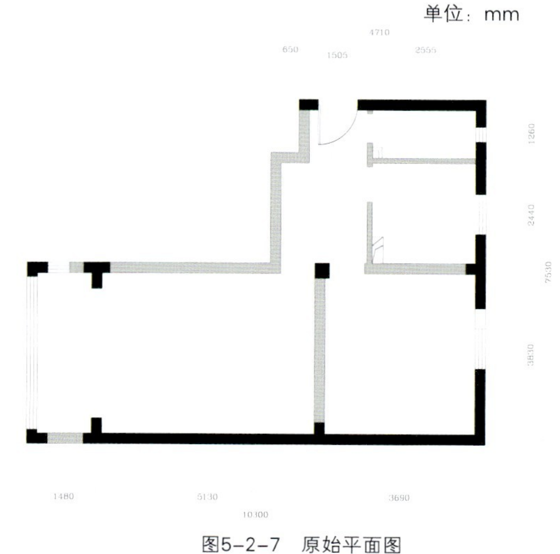

图5-2-7　原始平面图

250mm的薄型鞋柜，解决鞋柜的空间不足问题。厨房设计成整体橱柜，将冰箱、洗衣机等家电与橱柜设计为一体，特别是冰箱的处理，冰箱的深度为740mm，橱柜的深度为600mm，设计通过减少隔墙的厚度，实现将冰箱与橱柜形成整体。起居室空间将工作区域与餐厅区域临近布置，利用两者使用上的时间差实现空间的相互借用（图5-2-8至图5-2-10）。

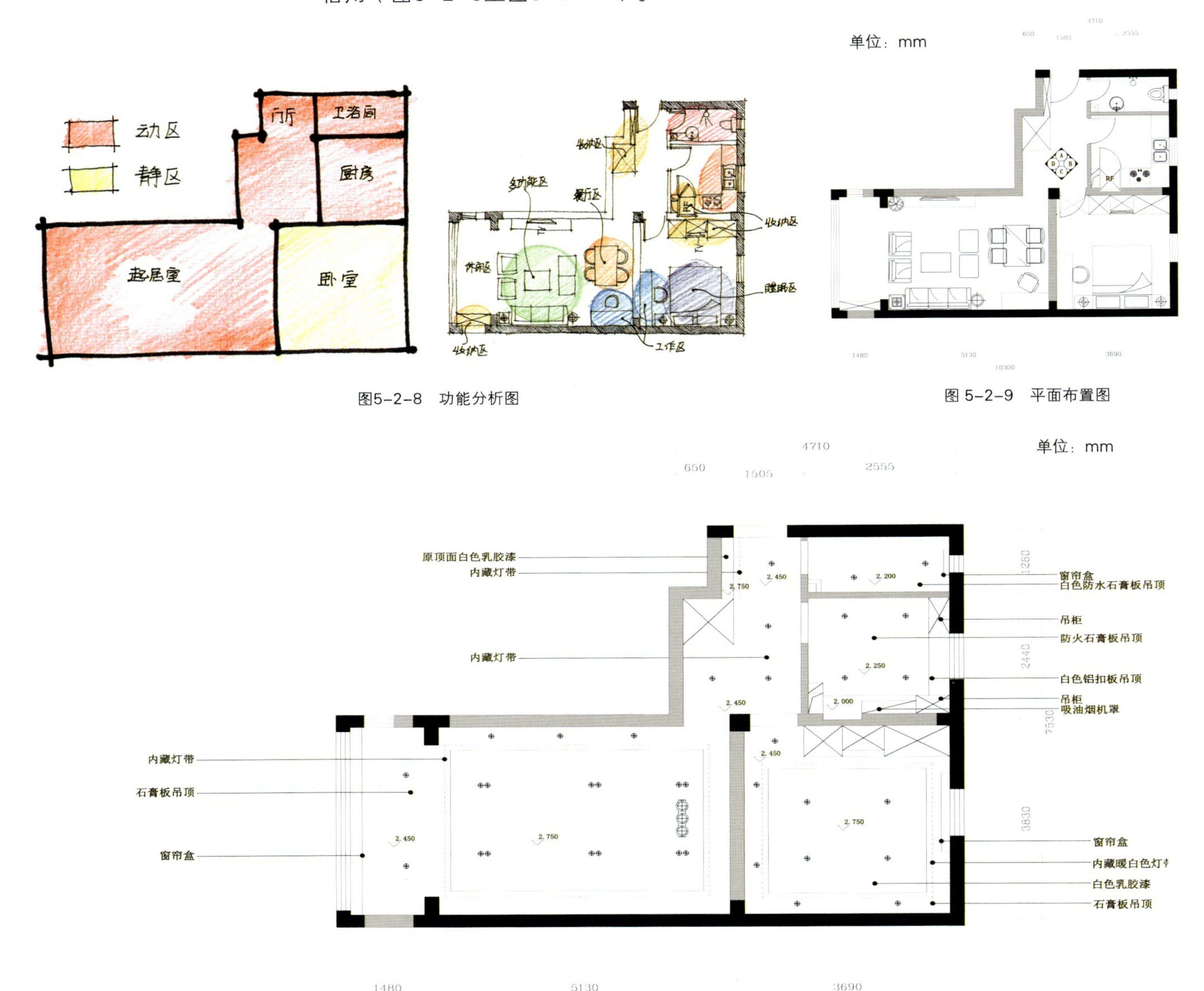

图5-2-8　功能分析图

图 5-2-9　平面布置图

图5-2-10　顶面布置图

家具和设施：该户型面积较小，尽可能将多功能家具作为首选。本案例的餐桌采用伸缩餐桌，在人多时调节成8人坐，人少时调节为4人坐以节约空间面积；起居室的沙发采用多个单人位，以满足使用性质变化时的需要，人多就餐时可将单人位沙发用作餐椅；卧室的收纳家具为定制家具，将电视机嵌入收纳柜中，既不影响收纳空间的面积，又能够实现视听的功能（图5-2-11至图5-2-13）。

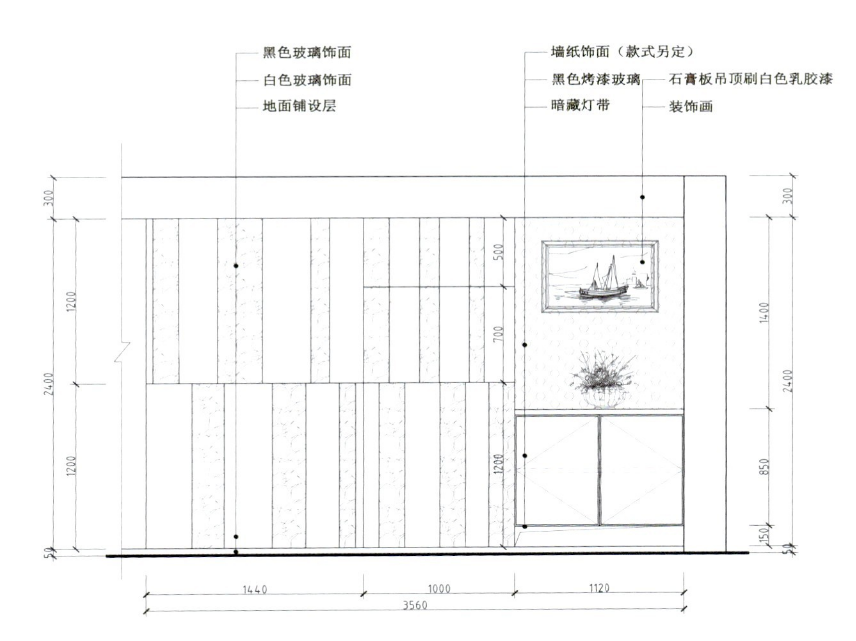

图 5-2-11　门厅D立面图

图 5-2-12　门厅效果图

图 5-2-13　餐厅效果图

图 5-2-14　客厅效果图

材质和色彩：本案例设计时大面积使用镜面材质，利用镜面形成的虚幻空间增加空间感。餐厅区域的大面积墙面使用带图案的烤漆玻璃，在视觉上有延伸空间的作用；色彩上使用黑白对比色，黑白搭配形成明快而醒目的现代风格（图5-2-14、图5-2-15）。

采光和照明：该案例的采光情况一般，门厅位置的采光主要靠卫浴间和厨房的光线，门厅大面积采用镜面材质反射光线，增加门厅空间的采光；室内照明使用顶棚照明，扩大空间感，使用大量射灯，使光线均匀分布（图5-2-16、图5-2-17）。

图5-2-15　卧室效果图

图 5-2-16　厨房效果图

图 5-2-17　卫浴间效果图

第三节　小户型设计实训

3.1 设计准备阶段

（1）任务书

① 使用功能：该户型为青年夫妇二人居住，业主要求空间内除去常规功能外，包括独立的就餐区域、起居区域和睡眠区域。业主二人对生活质量要求较高，对设计的功能性和美观性综合要求较高。

② 确定面积：该户型为公寓式小户型，套内面积约52m^2。

③ 风格样式：由于户型结构为一字形，室内面积较小，业主倾向于现代风格的设计。

④ 投资情况：业主正处于事业奋斗阶段，本套住房为过渡期使用，因此在投资方面不高，以经济实用为主，投资预算约8万左右。

（2）收集资料

① 现场勘测：经过现场勘探与测量（图5–3–1），绘制出建筑原始平面结构图（图5–3–2）。

② 案例资料整理：根据业主的具体情况、户型结构与面积、业主喜好的风格样式和具体的投资，在设计素材或者案例中寻找相关的资料，以供业主参考（图5–3–3）。

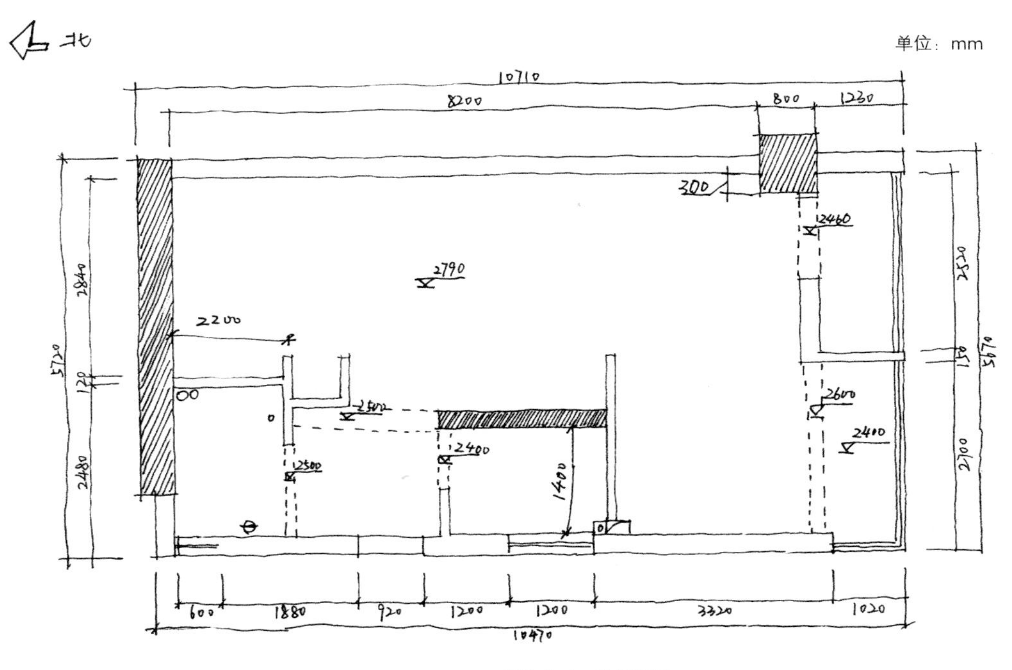

图5–3–1　勘测草图

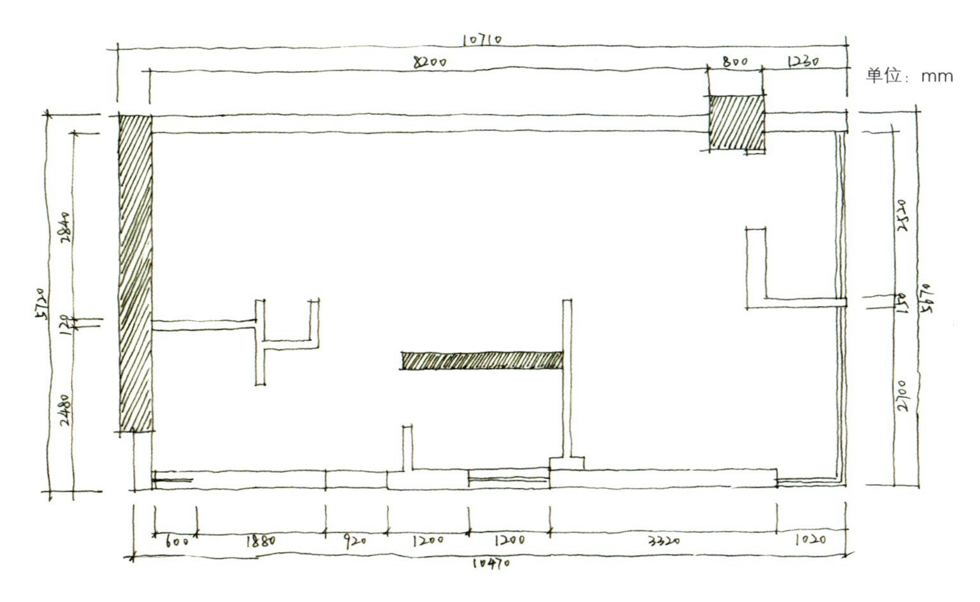

图5-3-2 绘制原始平面结构图

图 5-3-3 设计意向图

3.2 方案设计阶段

手绘草图、节点设计图。

根据项目任务进行方案图的设计和绘制，初步确定设计方案，绘制平面布置图、顶面布置图、主要立面图等，通过方案图与业主沟通，从而进一步确定设计方案（图5-3-4至图5-3-14）。

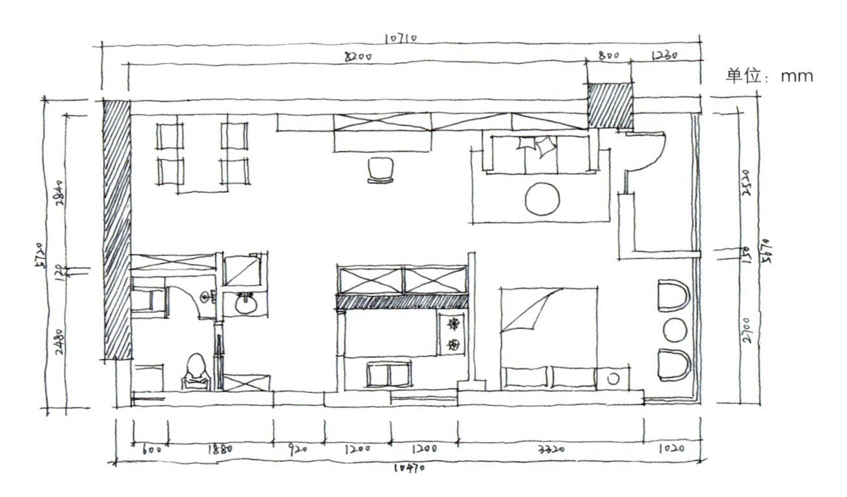

图5-3-4　绘制平面布置图

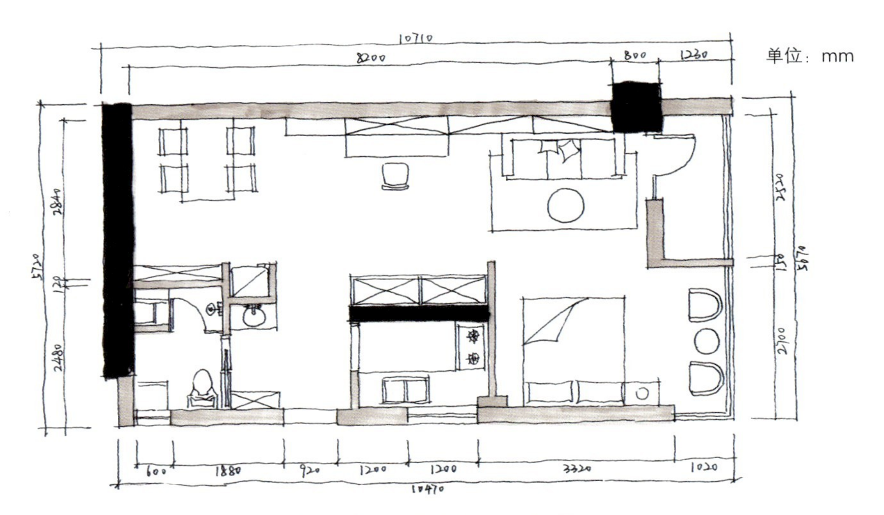

图5-3-5　使用马克笔绘制墙体颜色

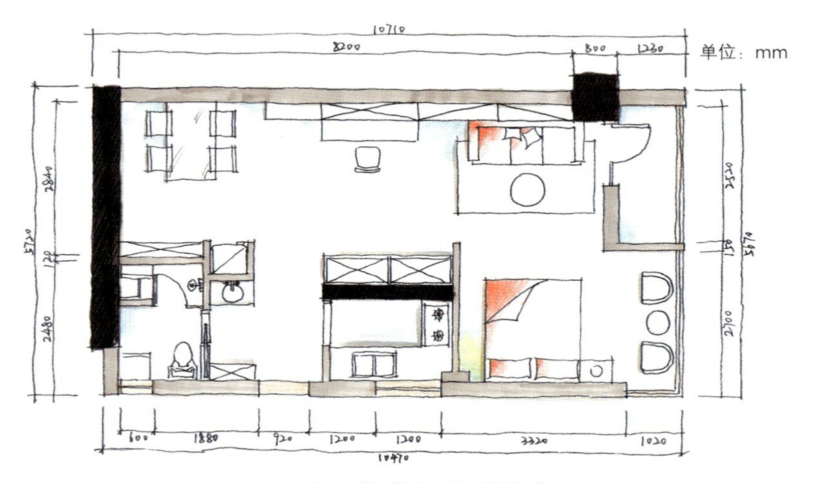

图5-3-6　使用彩铅绘制家具和地板颜色

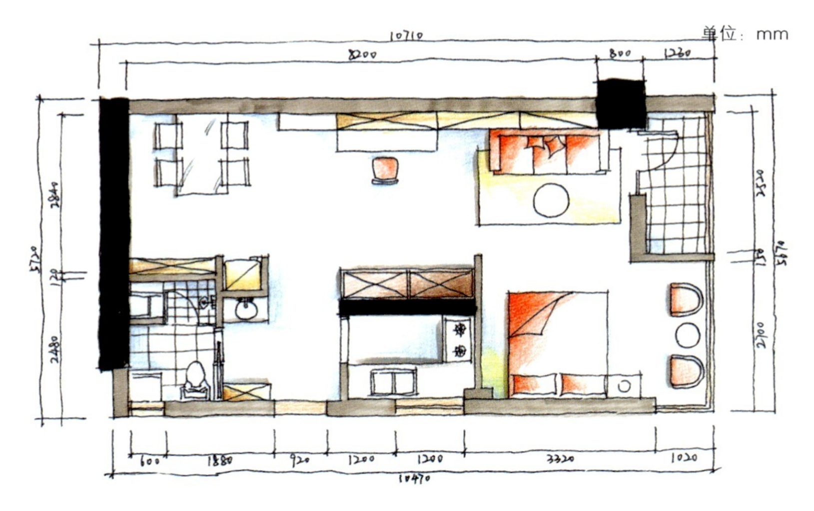

图5-3-7 深入绘制细节部分

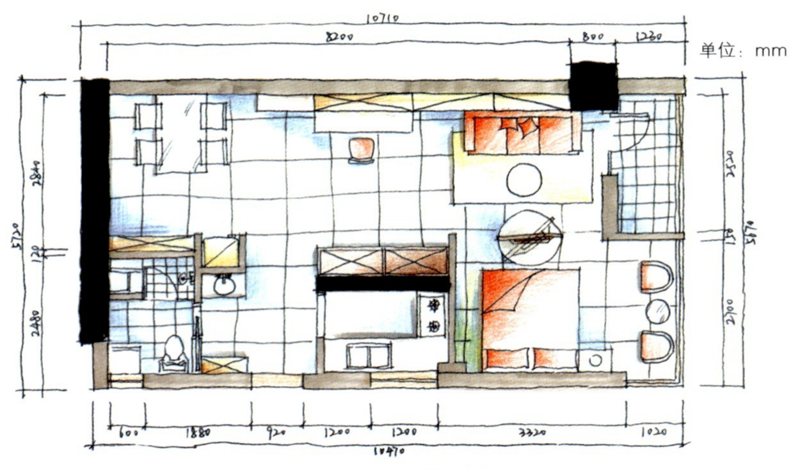

图5-3-8 完成平面布置图绘制

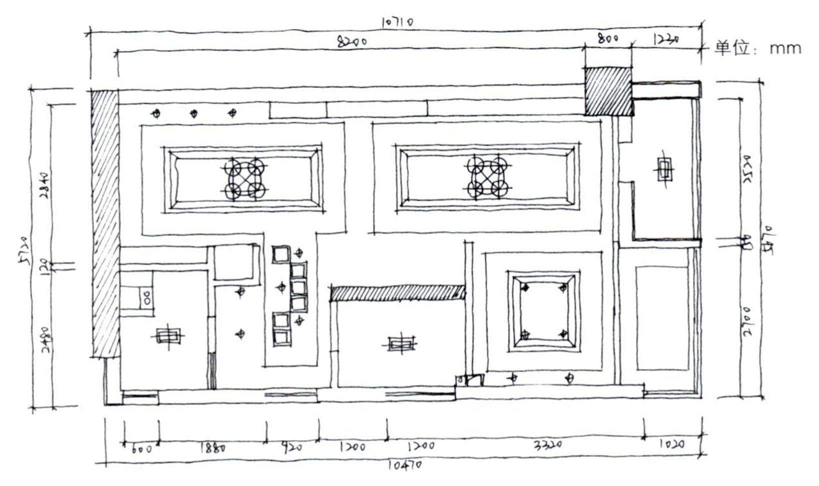

图5-3-9 绘制出小户型顶面构造

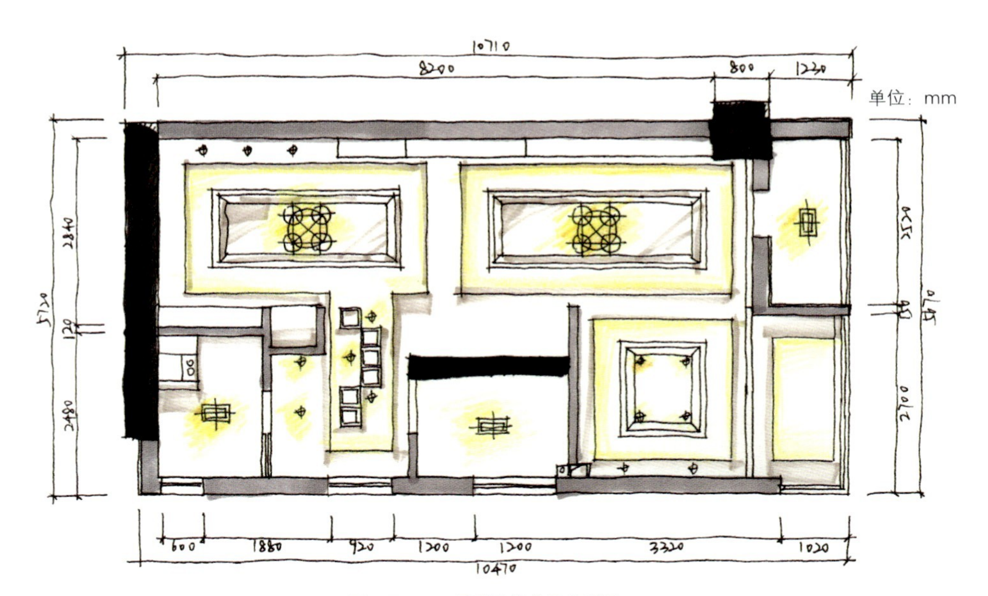

图5-3-10 用彩铅简单区分材质

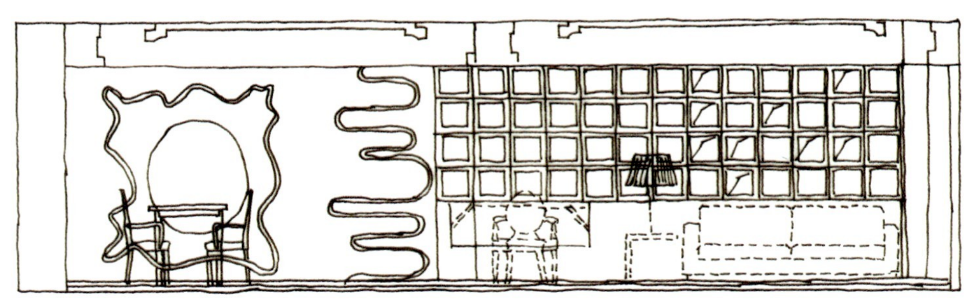

图5-3-11 绘制出餐厅起居区域立面构造

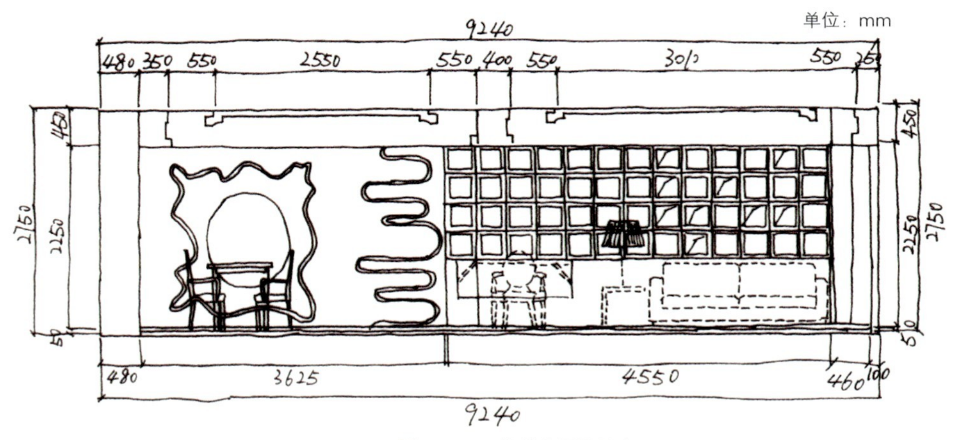

图5-3-12 标注立面图尺寸

单位：mm

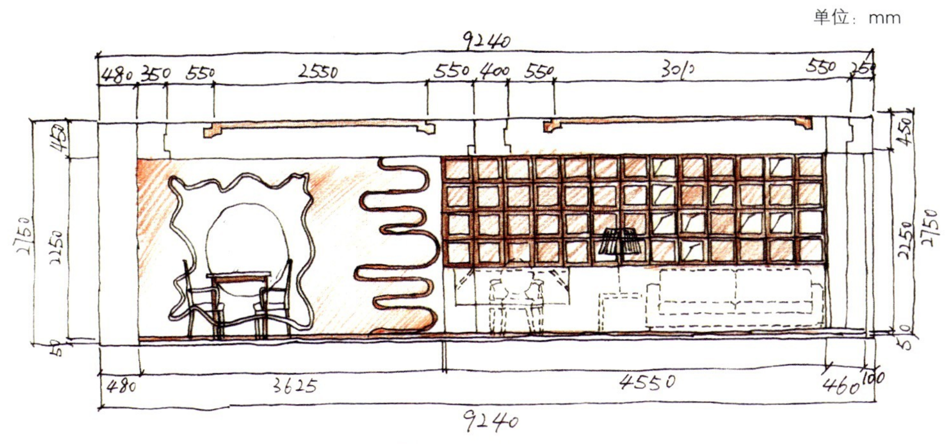

图5-3-13　彩铅上色

单位：mm

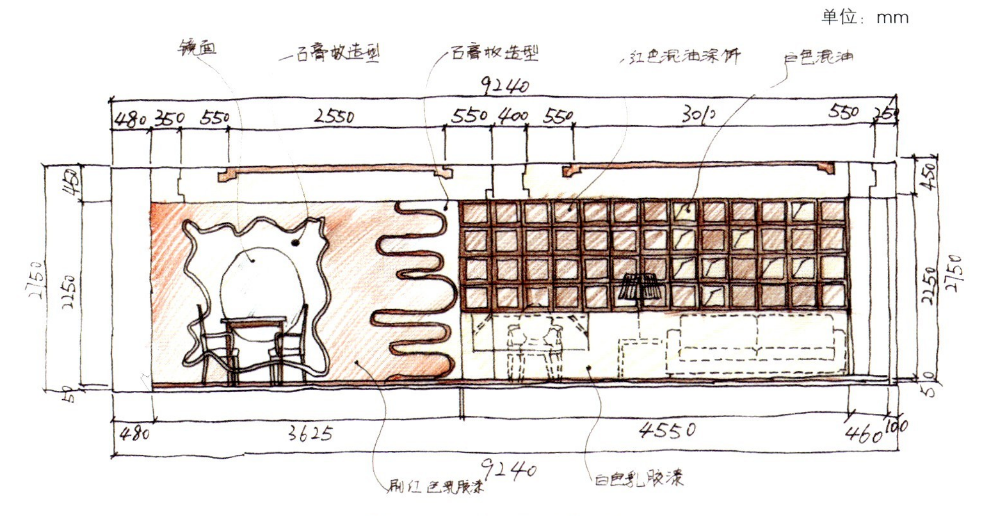

图5-3-14　标出工艺色彩说明

3.3 施工图绘制阶段

与业主沟通后确定设计方案，绘制平面图、立面图、顶面图等（图5-3-15至图5-3-21）。

单位：mm

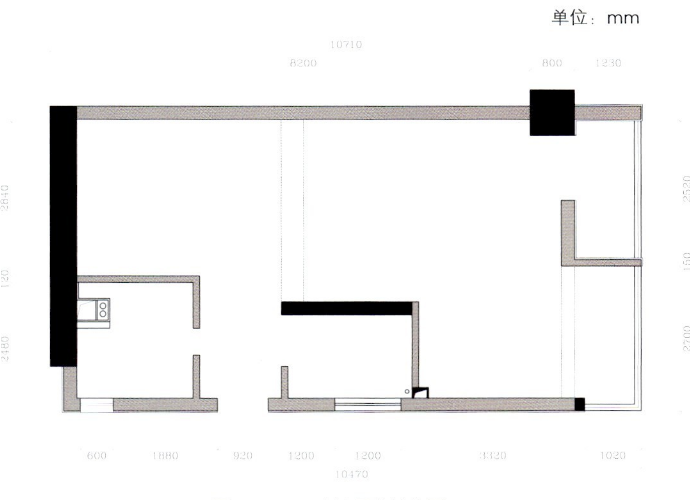

图5-3-15　建筑原始结构图

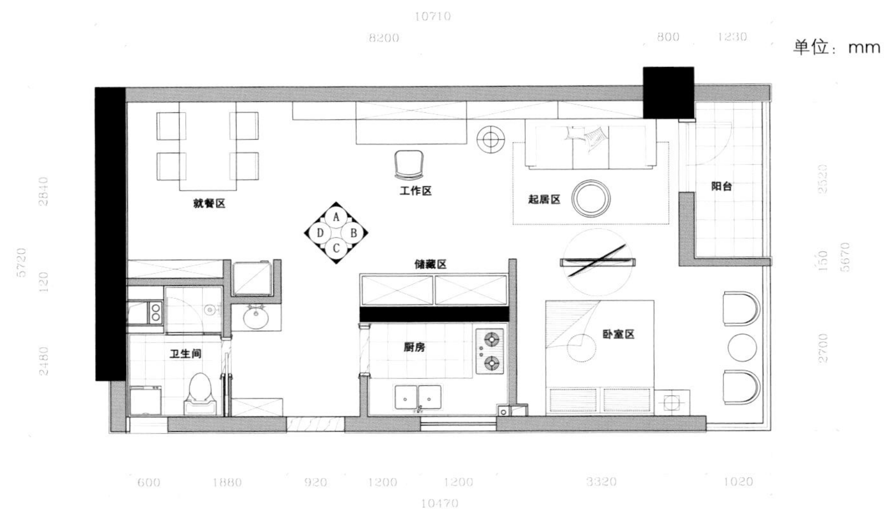

图5-3-16 平面布置图

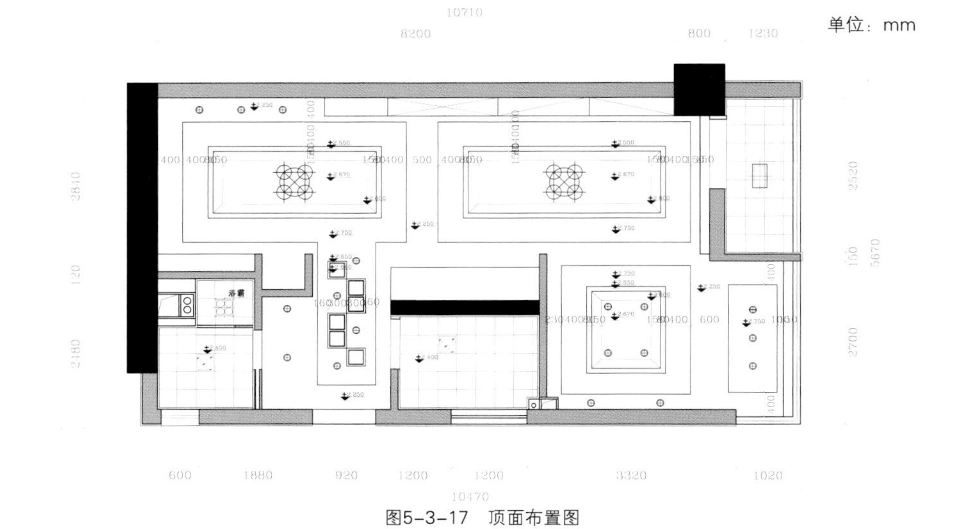

图5-3-17 顶面布置图

单位：mm

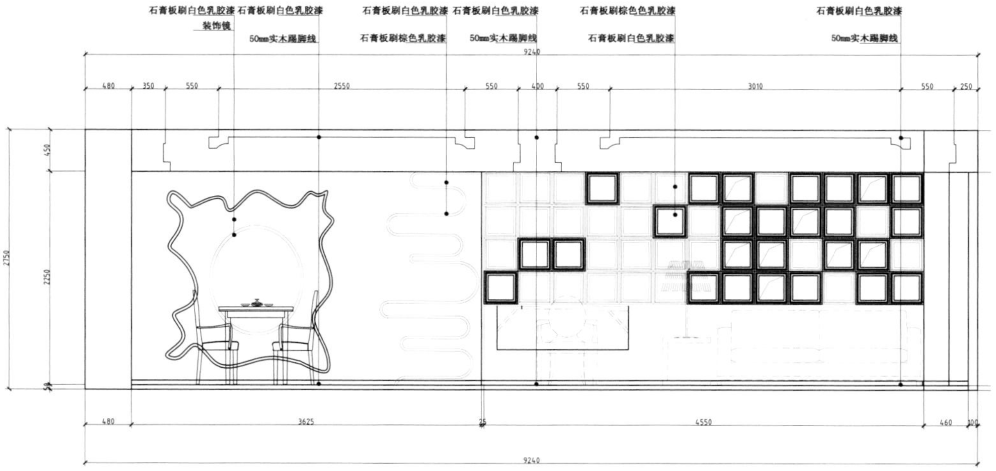

石膏板刷白色乳胶漆
装饰镜
石膏板刷白色乳胶漆
50mm实木踢脚线
石膏板刷白色乳胶漆
石膏板刷棕色乳胶漆
石膏板刷白色乳胶漆
50mm实木踢脚线
石膏板刷棕色乳胶漆
石膏板刷白色乳胶漆
石膏板刷白色乳胶漆
50mm实木踢脚线

图5-3-18 餐厅、起居区域A立面图

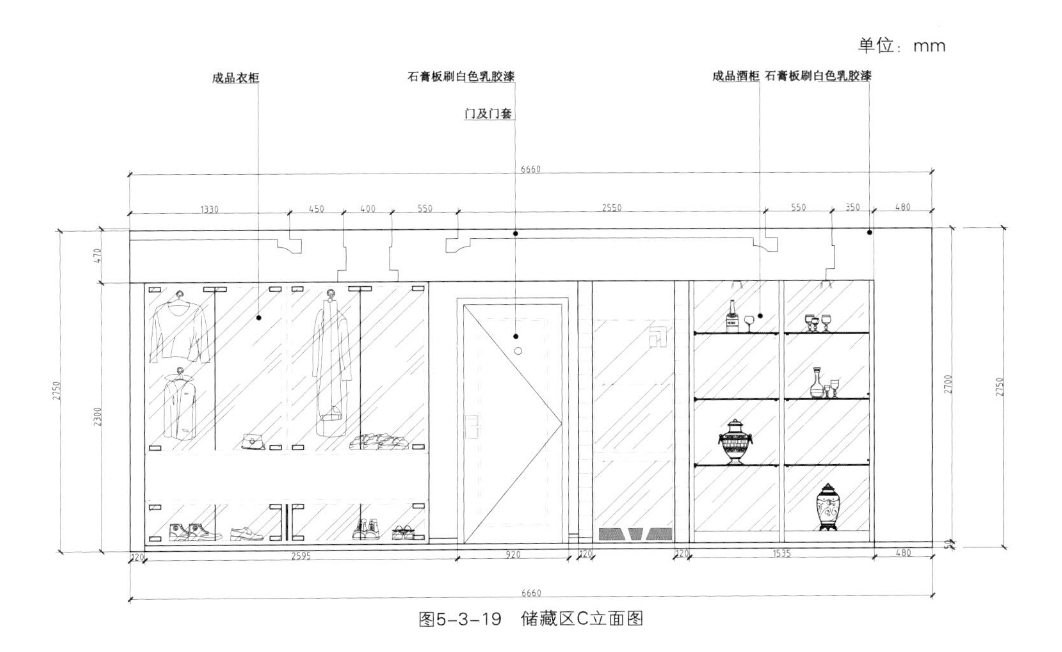

图5-3-19 储藏区C立面图

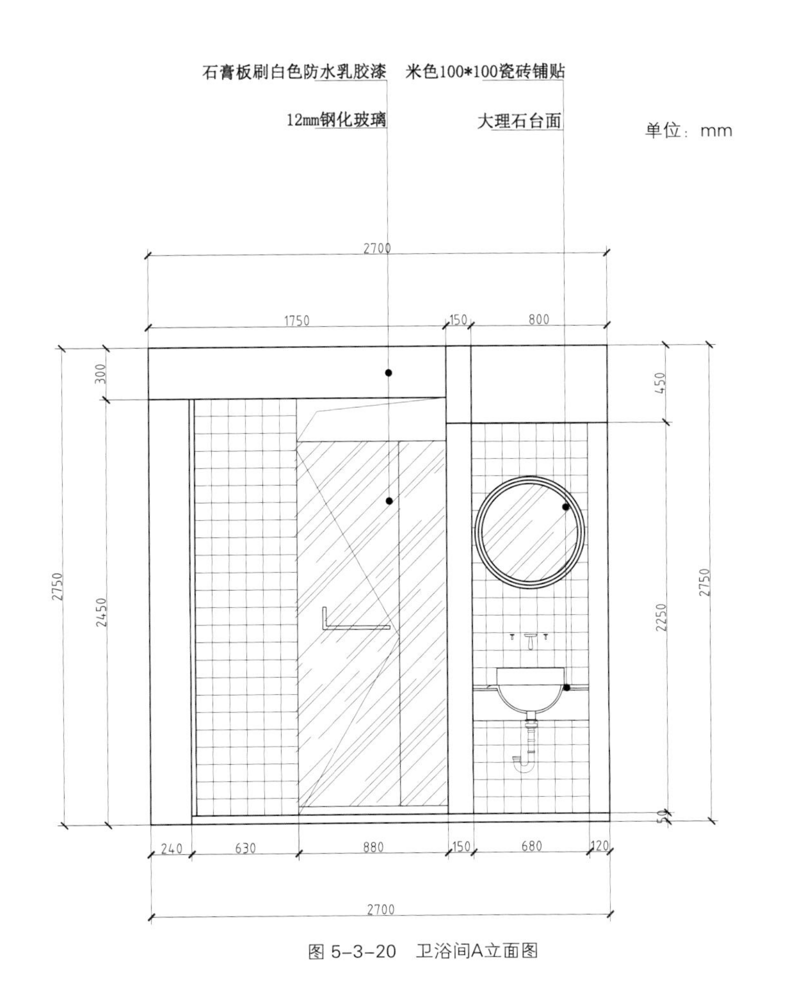

图 5-3-20 卫浴间A立面图

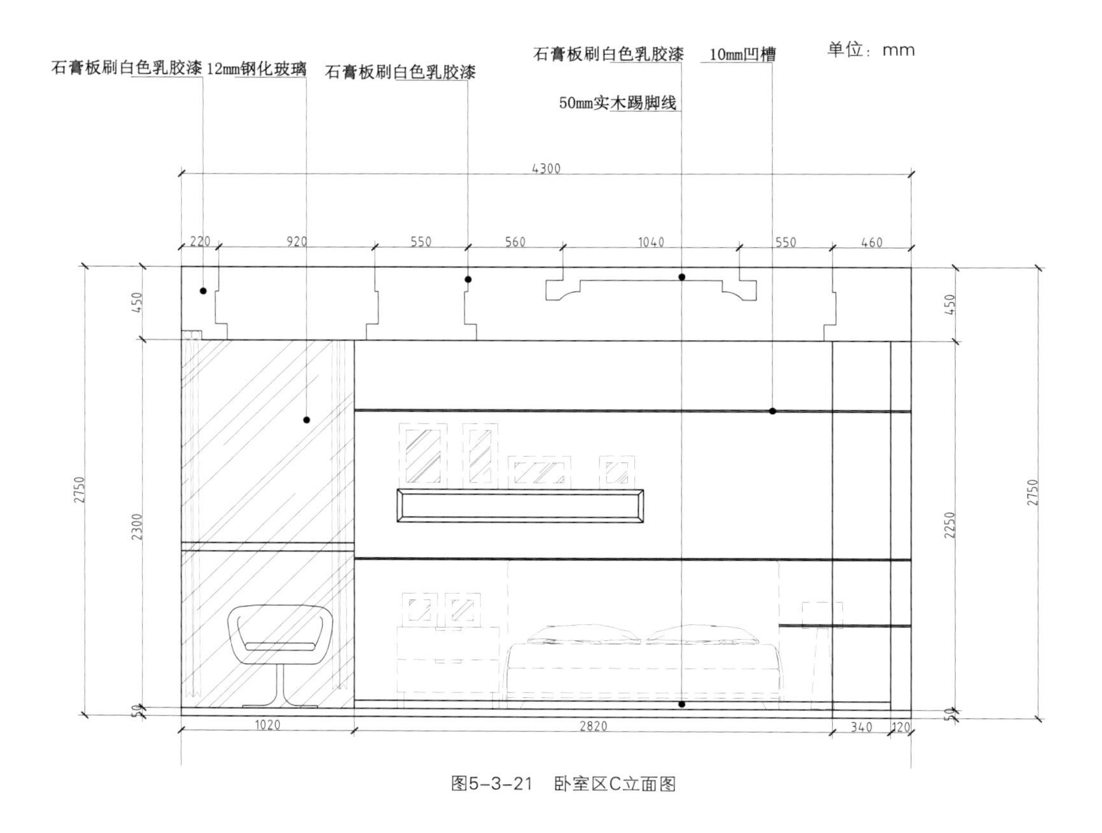

图5-3-21　卧室区C立面图

3.4 预算编制

预算编制如表5-3-1所示。

表5-3-1　工程预算表

<table>
<tr><td colspan="2">工程(预)算表</td></tr>
<tr><td colspan="2">业　主: ×××（先生/女士）　　设计师: ×××（设计师）</td></tr>
<tr><td colspan="2">工程地址: ×××（地址）　　编制单位: ×××（有限公司）</td></tr>
<tr><td rowspan="6">温馨提示</td><td>1. 本预算合同未签订之前，请勿带走（否则须交本预算造价5%预算费，合同签订后计入工程款）</td></tr>
<tr><td>2. 本预算如有漏报、少报或增加项目，则按实际施工项目结算工程款，单价以本预算所定价格预算</td></tr>
<tr><td>3. 客户自购的材料购买前敬请货比三家，以保证材料的品质与真实价格</td></tr>
<tr><td>4. 市场上没有本预算中所定的品牌材料，本公司有权购买其他同性能品牌的材料</td></tr>
<tr><td>5. 如采用进口大理石、花岗石、面砖、地砖、抛光砖，人工费另计</td></tr>
<tr><td>6. 仿古地砖开缝安装人工费按65元/平方米，仿古地砖菱形开缝安装人工费75/平方米，仿古地砖菱形拼花开缝安装人工费按85元/平方米，花线安装人工费15元/米，马赛克安装人工费按90元/平方米计算。</td></tr>
</table>

续表

	7.工程所有增减项目在木工结束、收二期款时结算					
	8.大于等于20厘米×20厘米小方砖安装人工费按80元/平方米，10厘米×10厘米小方砖安装人工费90元/平方米					
	9.物业部门向施工人员收取的出入费和管理费由业主负责支付					
	10.本预算解释权由×××装饰工程有限公司解释，业主签字认可后和合同具有同等效力					
设计类别	**编号**	**工程或费用名称**	**单位**	**数量**	**单价（元）**	**总价（元）**
基础部分	1	拆墙(业主自理)	m²	5.8	0.00	0.00
	2	砖砌单墙人工费	m²	9.9	40.00	396.00
	3	粉墙人工费	m²	19.8	10.00	198.00
	4	配电箱移位（300～500）	项	1	300.00	300.00
客厅/餐厅	1	防盗门表面保护	项	1	100.00	100.00
	2	防盗门泥水工安装费	扇	1	300.00	300.00
	3	门套基层(一层欧松板)	m²	5.4	40.00	216.00
	4	天花造型(30cm×50cm)专用木龙骨，可耐福石膏板	m²	27.3	120.00	3276.00
	5	天花侧挂欧松板	m²	8.33	95.00	791.35
	6	窗帘盒	m	2.4	50.00	120.00
	7	地面铺微晶石	m²	30	65.00	1950.00
厨房	1	门桥	m	1	50.00	50.00
	2	门套基层(一层欧松板)	m	5.4	40.00	216.00
	3	窗帘盒	m	1.2	50.00	60.00
	4	包排污管	条	1	100.00	100.00
	5	地面铺仿古砖	m²	3.85	65.00	250.25
	6	墙面铺仿古砖	m²	16.35	65.00	1062.75
外卫生间	1	门桥	m	1	50.00	50.00
	2	门套基层(一层欧松板)	m	5.4	40.00	216.00
	3	包排污管	条	2	100.00	200.00
	4	窗帘盒	m	0.6	50.00	30.00
	5	地面铺地砖	m²	3.2	65.00	208.00
	6	地面找平人工	m²	3.2	15.00	48.00
	7	墙面铺仿古砖	m²	22.7	65.00	1475.50
	8	墙面防水处理	项	1	200.00	200.00
	9	地面防漏处理	项	1	300.00	300.00

续表

设计类别	编号	工程或费用名称	单位	数量	单价（元）	总价（元）
主卧室房	1	天花造型(30cm×50cm)专用木龙骨，可耐福石膏板	m²	9.7	120.00	1164.00
	2	天花侧挂欧松板	m²	3.5	95.00	332.50
	3	窗帘盒	m	3.5	50.00	175.00
	4	地面铺微晶石	m²	10.67	65.00	693.55
阳台	1	门套基层	m	5.4	40.00	216.00
	2	地面地砖	m²	3.1	65.00	201.50
	3	墙面铺仿古砖	m²	9.8	65.00	637.00
	4	墙面防水处理	项	1	200.00	200.00
	5	地面防漏处理	项	1	300.00	300.00
强弱电布置	1	电工及灯具安装(国标布线)	m²	60	40.00	2400.00
	2	公元牌pvc套管(天花全套管加八角盒，喉管)	项	1	650.00	650.00
	3	开关盒及辅材(做背梭)（逸风专用管）	项	1	300.00	300.00
	4	接线端子处理	项	1	450.00	450.00
	5	客厅卡式空调专线(2.24)(熊猫电线)	项	1	400.00	400.00
	6	房间卡式空调专线(1.78)(熊猫电线)	项	1	800.00	800.00
	7	TV专线客厅卧室(深圳讯道)	项	1	300.00	300.00
	8	电脑电话专线(深圳讯道)	项	1	400.00	400.00
	9	照明线(1.38)(熊猫电线)	项	1	2200.00	2200.00
	10	电源插座线(1.78)(熊猫电线)(厨房2.24)	项	1	1800.00	1800.00
	11	客厅HDMI专线	项	1	300.00	300.00
	12	电视机后网络线(深圳讯道)	项	1	300.00	300.00
	13	家庭影院专线(深圳讯道)	项	1	280.00	280.00
	14	三排线(客厅及主卧)	项	1	200.00	200.00
	15	网络，有线接到电信总箱	项	1	500.00	500.00
	16	弱电接水晶头	项	1	100.00	100.00
	17	漏电保护器(业主自理)	项	1	0.00	0.00
	18	电工线槽粉平	项	1	0.00	0.00
	19	电工地面线管预埋开槽	m²	60	8.00	480.00
	20	空调铜管预埋打槽(业主自理)	项	1	0.00	0.00
	21	空调滴水管及预埋打槽(业主自理)	项	1	0.00	0.00

续表

设计类别	编号	工程或费用名称	单位	数量	单价（元）	总价（元）
给排水	1	给排水安装人工费	套	1	1400.00	1400.00
	2	伟星管及接头(4分管)	套	1	2000.00	2000.00
	3	空气源回水	套	1	800.00	800.00
	4	排污排水管及配件	套	1	500.00	500.00
	5	地漏	个	3	60.00	180.00
油漆	1	天花墙面刮底打磨人工费	套	1	2754.00	2754.00
	2	刮灰材料费	套	1	1620.00	1620.00
	3	油漆阴阳角处理人工费	项	1	500.00	500.00
	4	多乐士洁盾无添加(中端客户推荐)	听	6	528.00	3168.00
	5	多乐士家丽安底漆(中端客户推荐)	听	5	328.00	1640.00
其他	1	水泥、沥灰、沙、砖包括担工(业主自理)	项	1		0.00
	2	脚手架	项	1	200.00	200.00
	3	泥水零星修补	项	1	400.00	400.00
	4	地面保护材料	项	1	600.00	600.00
	5	墙面刷防水胶(卫生间外墙及东南面内墙)	m²	15	25.00	375.00
	6	给排水，热水器，布线钻孔	个	7	40.00	280.00
	7	卫生间排污管包隔音棉	个	1	150.00	150.00
	8	垃圾袋	项	1	400.00	400.00
	9	垃圾清理至房门口	项	1	1000.00	1000.00
	10	内运费(指材料从楼下搬运至装修房内)(业主自理)	项	1		0.00
	11	空调风口造型	个	2	150.00	300.00
	12	清洗费(业主自理)	项	1		0.00
合计						46160.40
其他费用	1	机械费	项	46160.40	0.01	461.60
	2	管理费	项	46160.40	0.04	1846.42
	3	设计费	项	3000	0.50	1500.00
	4	税金	项		0.06	0.00
总计						49968.42
个性化部分	1	进门鞋柜柜体(多层实木)	m	0.82	1200.00	984.00
	2	成品酒柜	项	1	6000.00	6000.00
	3	钢化玻璃衣柜	项	1	3000.00	3000.00
	4	储藏柜及翻板床柜体(多层实木)	m	4.55	1200.00	5460.00

续表

设计类别	编号	工程做法及说明	单位	数量	单价（元）	总价（元）
	5	储藏柜及翻板床柜门	m²	10.3	500.00	5150.00
	6	1.5米翻板床	张	1	4280.00	4280.00
	7	餐厅背景不规则护墙板造型	m²	3.7	600.00	2220.00
	8	餐厅背景不规则背景基层	m²	2	120.00	240.00
	9	餐厅背景不规则造型透光云石	m²	2	800.00	1600.00
	10	床头背景抽缝背景基层	m²	7.4	90.00	666.00
	11	床头背景造型透光云石	m²	0.3	800.00	240.00
合 计						29840.00
总 计						79808.42
客户自备材料清单	1	门、门套、窗套、踢脚线、平开柜门、移门				
	2	大理石、抛光砖、瓷砖、洗衣板				
	3	灯具、开关、锁具、拉手、五金(合页抽屉轮子、衣杆)				
	4	橱柜、复合地板、窗帘布、墙壁壁纸				
	5	集成吊顶淋浴房、洗面台、马桶(包括软管、三角阀、安装专用胶)				
	6	敲墙、水泥、沥灰、沙、砖包括担工(煤气、可视门铃移位)				
清漆	1	胡桃木、水曲柳等饰面板施工前先刷清漆保护，由密度板现场制作的施工前必须刷防霉清漆保护				
窗帘盒	2	欧松板				
衣柜	3	三聚氰胺板材电脑封边、现场组装				
柜门	4	福人牌密度板、华润白面漆(工厂制作)				
墙面批灰	5	刮灰3～4道、打磨				
油漆	6	乳胶漆一底二面、聚酯漆一底三面				
板材牌子	7	欧松板、密度板(福人牌)三合板(海鸟牌)				
确认本预算签字: (本预算业主签字认可后，如提出自购或减项需交纳预算减少额10%的违约金）						
业主签字: 日期: 年 月 日						

3.5 装修实景图

本案例为深圳视界文化传播有限公司编的《小户型　大设计》，湖南人民出版社出版，DODOV Design设计的案例转化的教学实训内容（图5-3-22至图5-3-26）。

图5-3-22　造型翻板床灵活利用空间

图5-3-23　卫生间外置洗脸台

图5-3-24　温馨的卧室

图5-3-25　开敞的客厅

图5-3-26　可旋转的电视机支架

思考与练习

1. 试述小户型空间的类型及设计要点。
2. 根据案例二内容，解析、复原设计方案。
3. 根据小户型户主空间设计实训的步骤，完成60m^{2}左右的户型方案设计。

第六章　中户型居住空间设计

第一节　中户型居住空间设计原则

1.1 中户型空间的类型

中户型居住空间一般是指面积在60m^{2}以上、140m^{2}以下的住宅户型，是最为常见的大众户型，设计对象涵盖各种家庭，对空间的使用频率较高。对于以夫妻和子女为主要家庭成员的核心家庭而言，中户型既开阔又紧凑，能够满足人们日常生活的功能需要，是居住的理想户型。

1.2 中户型空间的设计要点

1.2.1 功能分区明确

在空间面积较为充裕的情况下，可以实现明确的空间划分，如就餐区、会客区等，各种功能区域有明确的区域性。

1.2.2 考虑持续发展需要

中户型空间使用时间一般较长，因此在满足现有功能需要的前提下，还需考虑未来几年的发展需要，例如新婚夫妻在设计空间时，还需要考虑未来增添子女时的需要。

1.2.3 实用与美观的协调

中户型设计时面对的业主类型众多，设计时需要根据业主家庭状况而作相应调整。如人口多的家庭，设计时应尽可能考虑到每位家庭成员的特点和需要。人口少的家庭，在生活基本功能满足的前提下，设计时可多有美观方面的考虑。家居空间的设计应该以实用功能为核心，只有在必备功能满足的前提下，才会考虑满足审美的追求。

第二节 中户型设计案例解析

2.1 案例一 方正户型案例

金水湾129㎡四室两厅新古典案例①

项目简介：本套内面积约为129m²的平层住宅，原始户型为四室两厅一厨两卫。室内净高为2.8米，各卧室的采光通风条件优良，起居室空间采光较弱（图6-2-1）。

业主信息：本住宅主要供一家三口人居住，青年夫妇二人和一个年幼子女，夫妻二人工作忙碌，家中由保姆照看儿童，常有保姆留宿。

设计要求：对129m²的面积进行改造，满足夫妻二人生活需要的同时兼顾照看儿童的需要。业主对储存空间有较大需求，设计中希望尽量增加储存空间。起居室空间采光条件较差，希望能够通过设计改善采光。

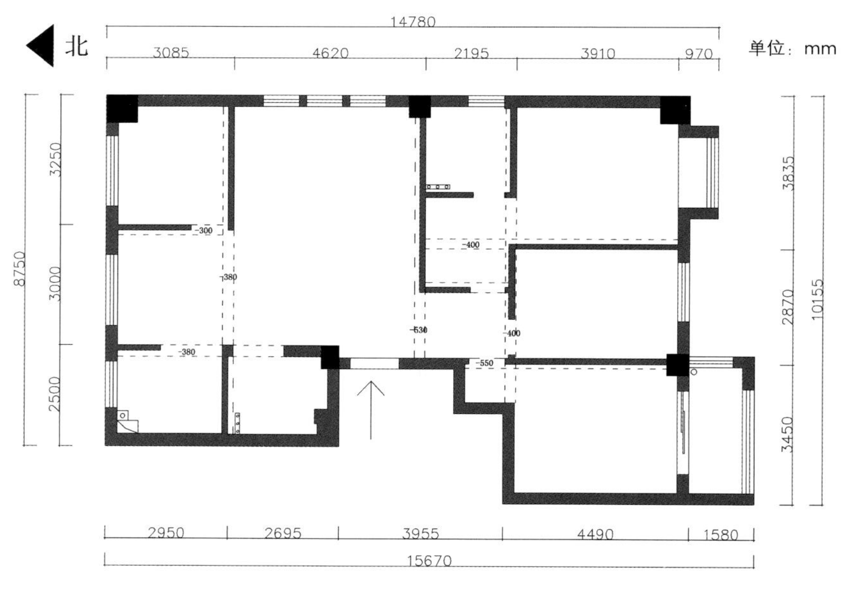

图6-2-1 原始平面图

空间布局：本案例将主卧室、书房和子女房布置于尽头一端，实现动静分离。在平面布局上，对主卧的开门位置做了调整，减少主卧内的走道空间，能有效节约面积；子女房的开门方向调整到从书房进入，增加了子女房的私密度，调整过后可以增

①案例由平阳逸风装饰设计公司提供

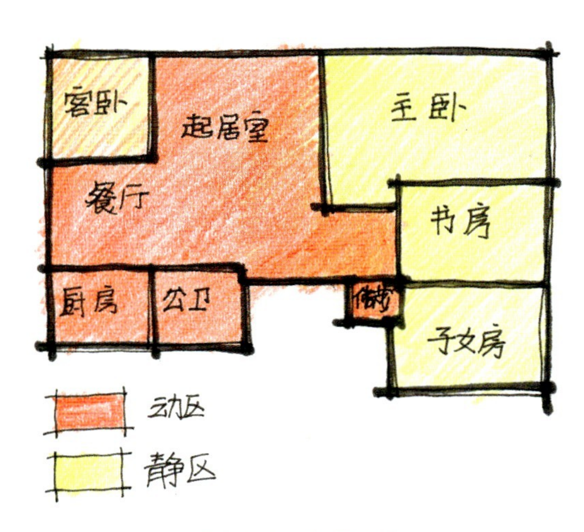

图6-2-2 区域规划图

单位：mm

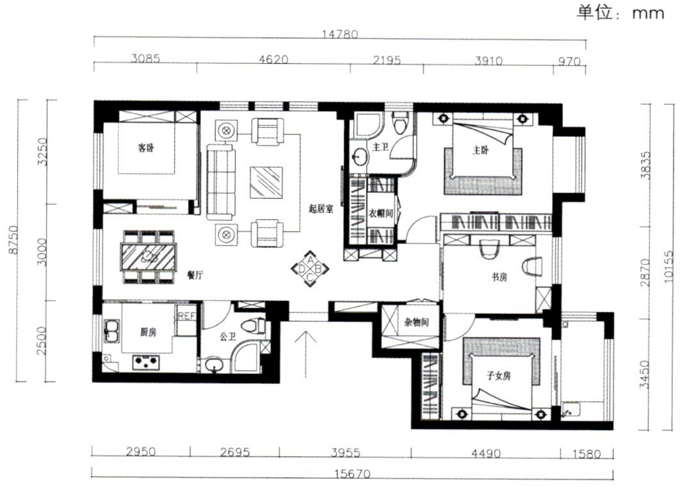

图6-2-3 平面布置图

加一个独立的储藏室，增加了居室的储藏空间（图6-2-2至图6-2-4）。

家具和设施：本案例的设计在原始户型结构上做过大量改动，室内大部分固定家具需根据实际尺寸定制，以实现功能和美观的统一。本案的衣柜、橱柜、书房的书柜、书桌以及餐厅改造过的餐边柜均为定制的固定家具；餐桌椅、沙发、茶几和床为选购家具，根据室内的风格、色彩、具体尺寸选择与之相协调的家具（图6-2-5）。

材质和色彩：本案例大量使用浅色亮光材质，起居室、厨房和卫浴间采用大理石和瓷砖材质，走道、书房和卧室墙面使用浅色墙纸和白色混水漆以体现新古典风格。家具选择以软的皮质沙发和银色的实木家具相配合，强调新古典主义的特征（图6-2-6）。

采光与照明：本案例总体采光较好，子女房、主卧和书房均朝南向，起居室与走道空间采光较差，设计中将起居室与客卧之间的隔墙改为玻璃隔墙，增加起居室室内采光；将书房门宽度增大，使用大面积玻璃移门，通过光线的透射改善室内采光。本案例的照明采用混合照明方式，将一般照明与局部照明相结合，增加室内的光线层次。

单位：mm

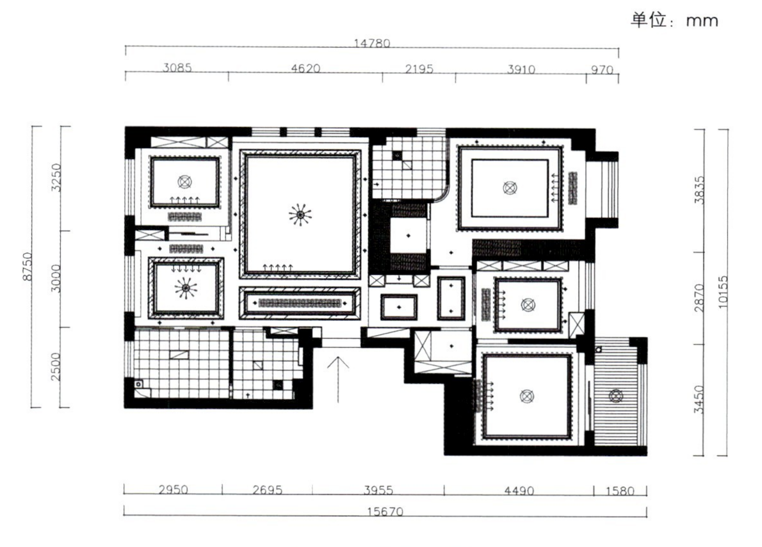

图6-2-4 顶面布置图

单位：mm

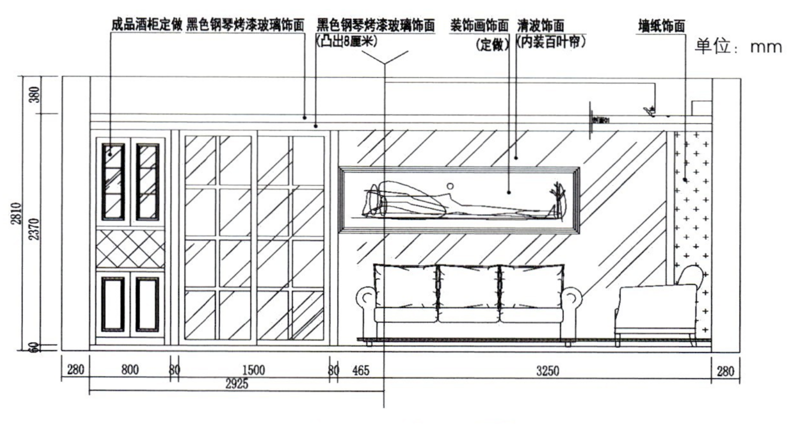

图6-2-5 起居室D立面图

图6-2-6 明亮优雅的起居室

2.2案例二 异形平面户型设计

梦里水乡112㎡三室两厅现代风格设计案例

项目简介：本套内面积约为112m²的中户型住宅，原始户型为三室两厅一厨两卫，拥有三个阳台。各个空间的采光通风条件均优良（图6-2-7）。

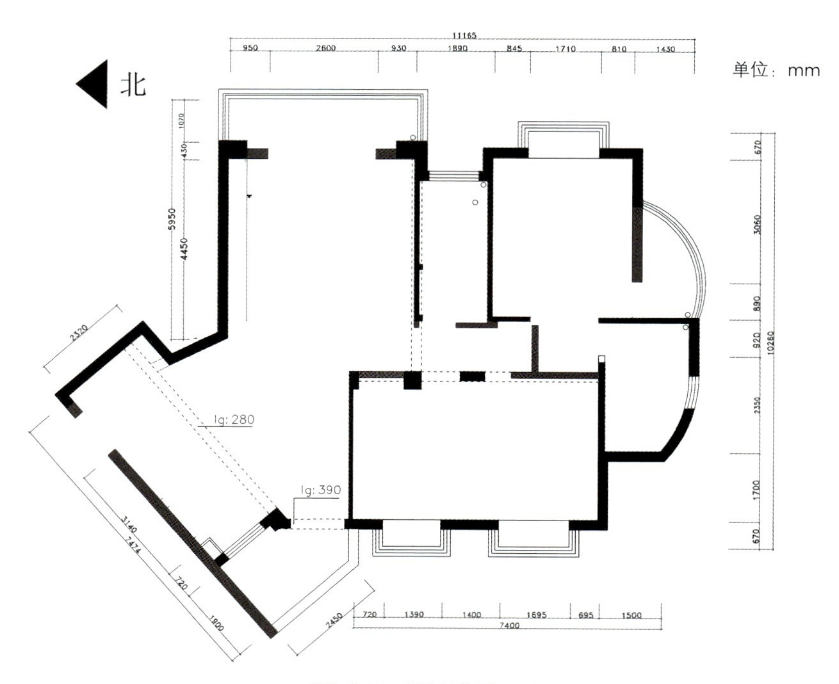

图6-2-7 原始结构图

业主信息：本项目供一家五口人居住，一对青年夫妇，一对老年夫妇和子女（男孩）一人。夫妇二人工作忙碌，由老人照看正在上小学的孩子。

设计要求：在112㎡的基础上进行改造，以实用性为前提满足一家五口人的生活需要。业主要求保留较大的公共空间，使家人的生活起居宽敞舒适。业主倾向于简约的现代设计风格，满足全家人的审美，同时方便打扫。

空间布局：本案例户型结构为异形平面，部分空间的轴向与其他空间不在一个轴向上，必然会导致室内出现一些不规则形状的角落，不利于空间的充分利用和布置。本案例在设计中，将异形的室内区域布置为餐厅，餐桌贴合一面完整墙面，强调就餐区域；主卧室内有一个半圆形的封闭式阳台，在阳台处设置部分隔墙为电视机的挂放提供墙面；老人卧室和子女卧室内储藏空间有限，设计中将卧室之间的隔墙拆除，设置衣柜和书柜以增加储藏空间（图6-2-8至图6-2-10）。

图6-2-8 功能分析图

图6-2-9 平面布置图

图6-2-10 顶面布置图

图6-2-11 起居室D立面图

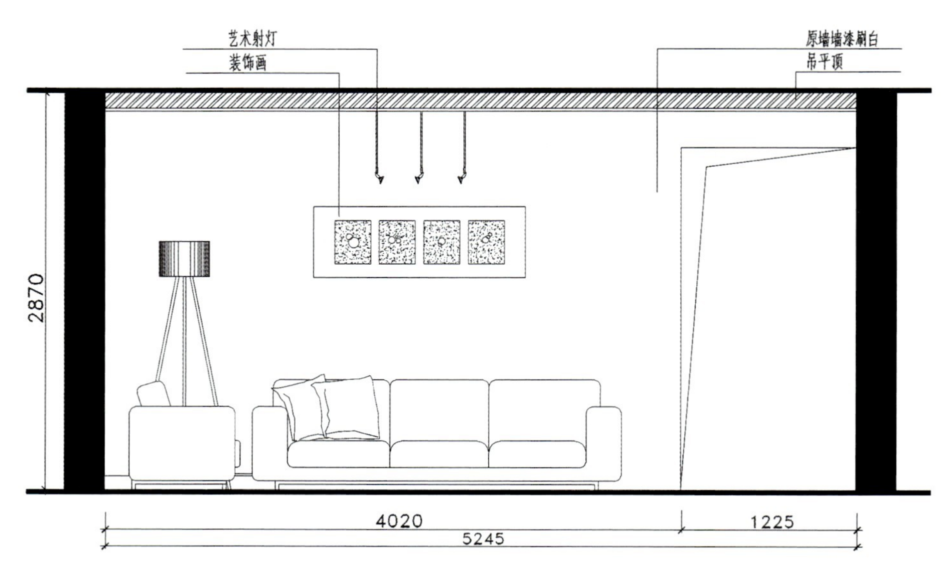

图6-2-12　起居室B立面图

家具与设施：本案例的储藏家具均为按照现场制作和定制的家具，家具的整体性和整体的装修风格易于协调，活动家具选用造型简洁、色彩鲜亮的现代风格家具以加强室内风格（图6-2-11、图6-2-12）。

材质和色彩：本案例为现代风格家居，室内大部分墙面使用白色乳胶漆材质，经济实用，起居室的电视背景墙面采用墙纸增加室内的色彩对比，地面采用原木色强化地板，起居室室内的色彩均为协调色搭配（图6-2-13）。

图6-2-13　起居室效果图

采光和照明：本案例室内各个空间均有直接采光，总体采光条件良好。室内照明方式采用一般照明和局部照明相结合，以具有造型感的吊顶和吸顶灯为主光源，嵌入式筒灯和暗藏灯带为补充，局部以落地灯和台灯为局部照明，室内照明光线充足，光线分布均匀，重点突出。

2.3案例三　万家华庭8幢128m²三室两厅简欧风格设计案例①

项目简介：本套内面积约为128m²的中户型住宅，原始户型（图6-2-14）为三室两厅一厨两卫，拥有两个阳台。各个空间的采光通风条件均优良。

业主信息：本户型供一家四口人居住，青年夫妇两人，少年子女两人。女儿上中学，儿子上小学。夫妻二人均为事业单位工作人员，喜欢温馨的简欧设计风格。

设计要求：在128m²的基础上进行改造，注重功能性的同时要注意业主的审美追求和个性的体现，满足一家四口人舒适的生活需要。业主要求扩大起居空间面积，增加儿女的活动范围，并要设计一个单独的书房，以便在家工作和收纳书籍之用。

空间布局：本案例将主卧室、子女卧室设置在一侧，有效实现动静分离的空间布局。本案原始户型结构中厨房、餐厅、储藏室的面积较小，室内空间布局紧凑，缺少开敞的公共空间，设计中将起居室空间扩大，将储藏间做开放式处理，将女孩卧室一角做斜切处理，增加起居室空间面积（图6-2-15至图6-2-17）。

家具与设施：本案例中的储藏类家具均为现场制作的固定家具，配以同类风格的门，其他家具均为造型感较强的简欧风格家具。该户型空间采用中央空调系统，空调

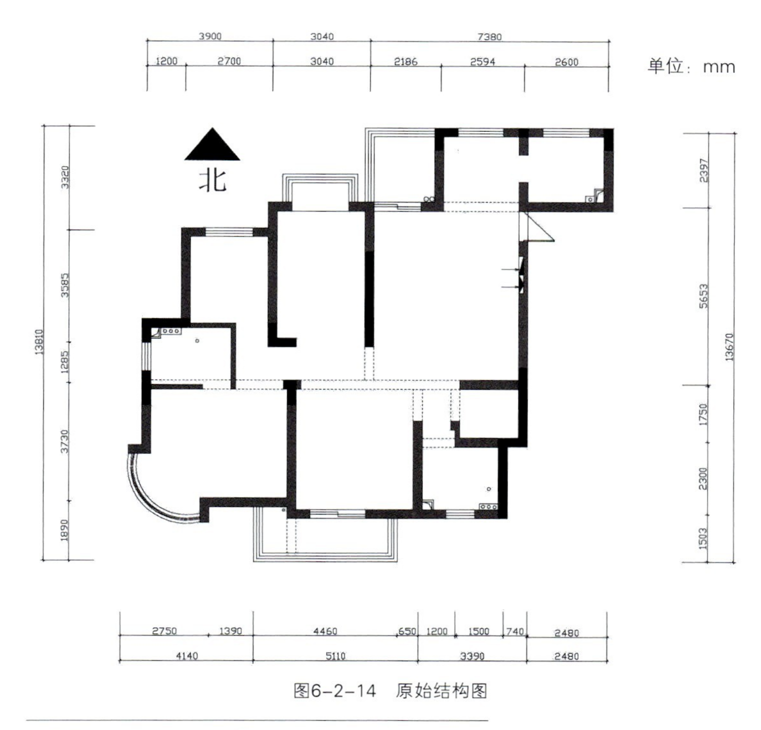

图6-2-14　原始结构图

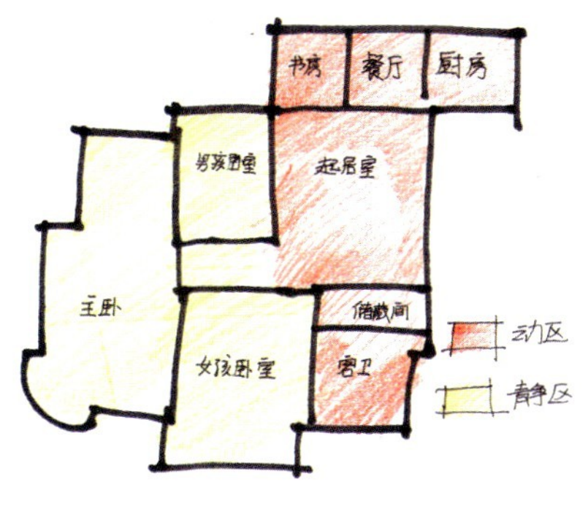

图6-2-15　功能分析图

①案例由浙江力唯设计管理中心椒江设计研究所提供

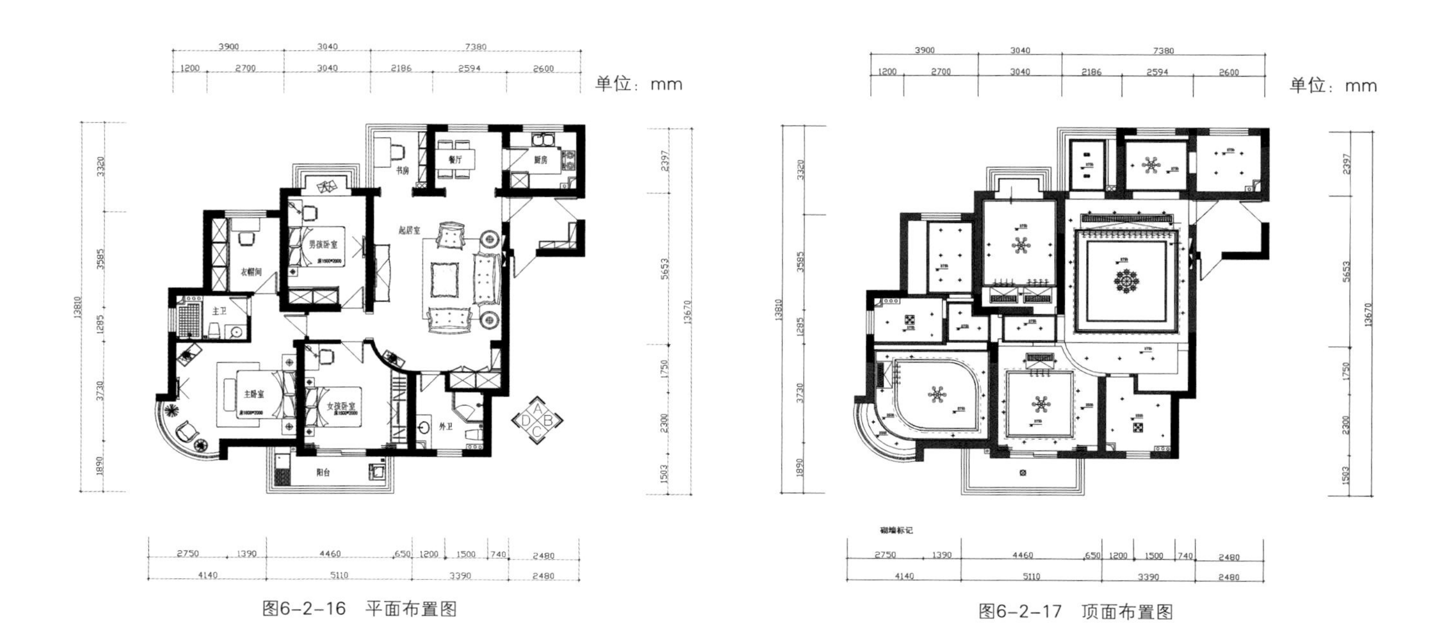

图6-2-16　平面布置图

图6-2-17　顶面布置图

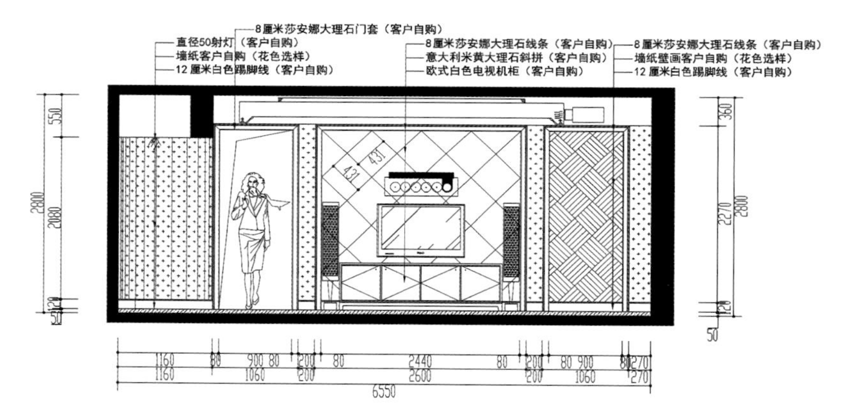

图6-2-18　起居室D立面图

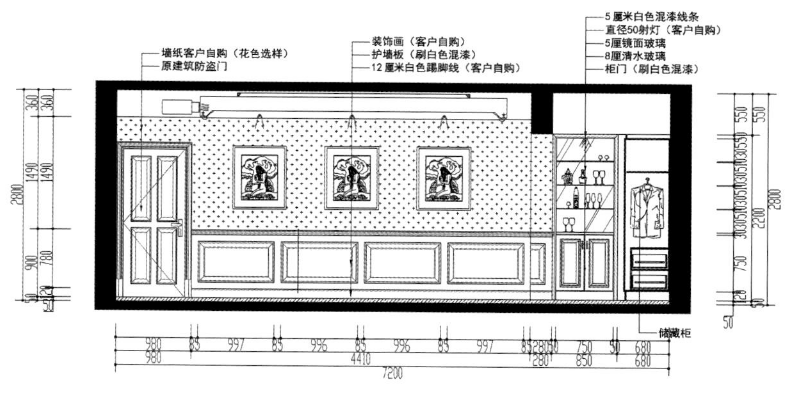

图6-2-19　起居室B立面图

出风口置于顶面（图6-2-18至图6-2-21）。

材质与色彩:本案例家居墙面使用欧式风格的暗花壁纸，配以白色的混水漆面板和柜门，卧室室内背景墙使用软包墙面，地面使用拼花瓷砖，室内整体色调以浅咖啡色为主调，辅以白色，家具也选用简欧风格的造型和色彩搭配，配合室内的整体风格特点（图6-2-22、图6-2-23）。

采光和照明:本案例室内整体采光条件良好，原户型中只有储藏室空间缺少直接光照，经过设计改造后将储藏室空间做开放式处理，解决了采光不足的问题。室内照明采用一般照明结合局部照明的方式，重要空间设置一盏主灯，起到一般照明和装饰的作用，配合均匀分布的筒灯以及隐藏的灯带，照明方式可以多种组合。

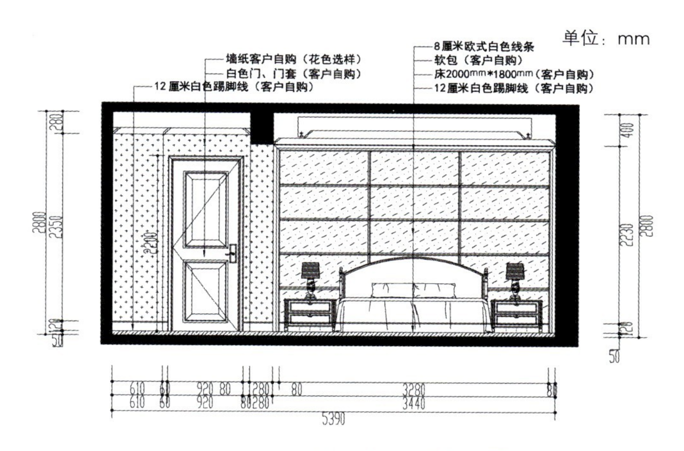

图6-2-20 主卧B立面图

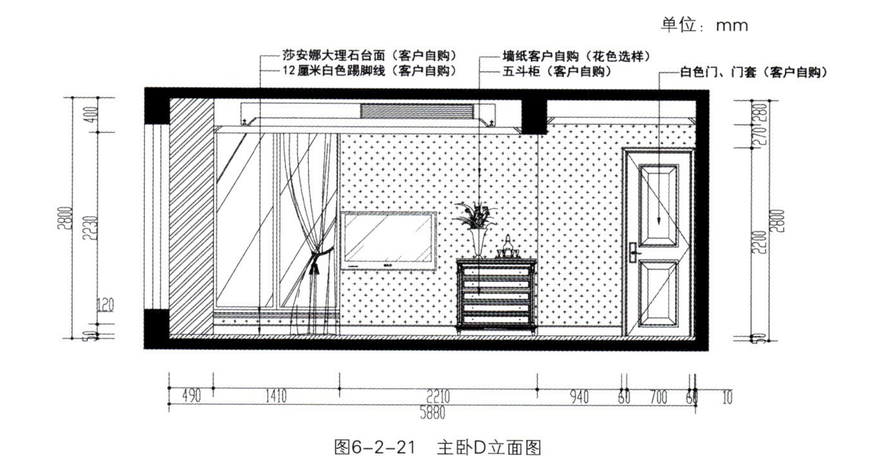

图6-2-21 主卧D立面图

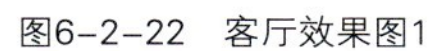
图6-2-22 客厅效果图1

图6-2-23 客厅效果图2

第三节　中户型设计实训

3.1 设计准备阶段

（1）任务书

① 使用功能：该户型为一对中年夫妇和子女三人居住，业主夫妇年龄均在50岁左右，儿子正在读大学。业主二人分别是教师和公务员，有充裕的时间享受生活，对生活质量要求较高。业主希望能够有充分的生活空间和储藏空间。

② 确定面积：该户型为单元式小高层住宅，套内面积约为125m^2，该户型位于一层，屋外有花园。

③ 风格样式：业主喜欢带有怀旧感的美式风格。

④ 投资情况：业主属于成熟型用户，经济投资预算约40万元左右。

（2）收集资料

① 现场勘测：经过现场勘探与测量以及对周围环境的观察，绘制出建筑原始平面结构图（图6-3-1）。

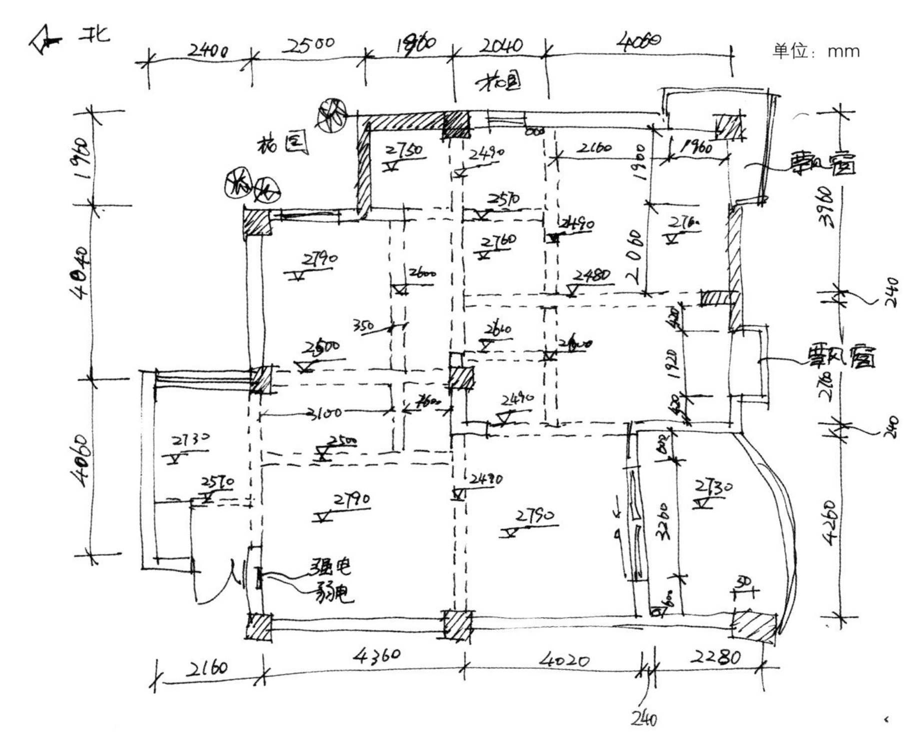

图6-3-1　建筑原始平面结构图

② 案例资料整理：根据业主的具体情况、户型结构与面积、业主喜好的风格样式和具体投资，在设计素材或者案例中寻找相关的资料，以供业主参考（图6-3-2）。

图6-3-2　设计意向图

3.2 方案设计阶段

根据项目任务进行方案图的设计和绘制，初步确定设计方案，绘制平面布置图、顶面布置图、主要里面图等，通过方案图与业主沟通，从而进一步确定设计方案（图6-3-3至图6-3-14）。

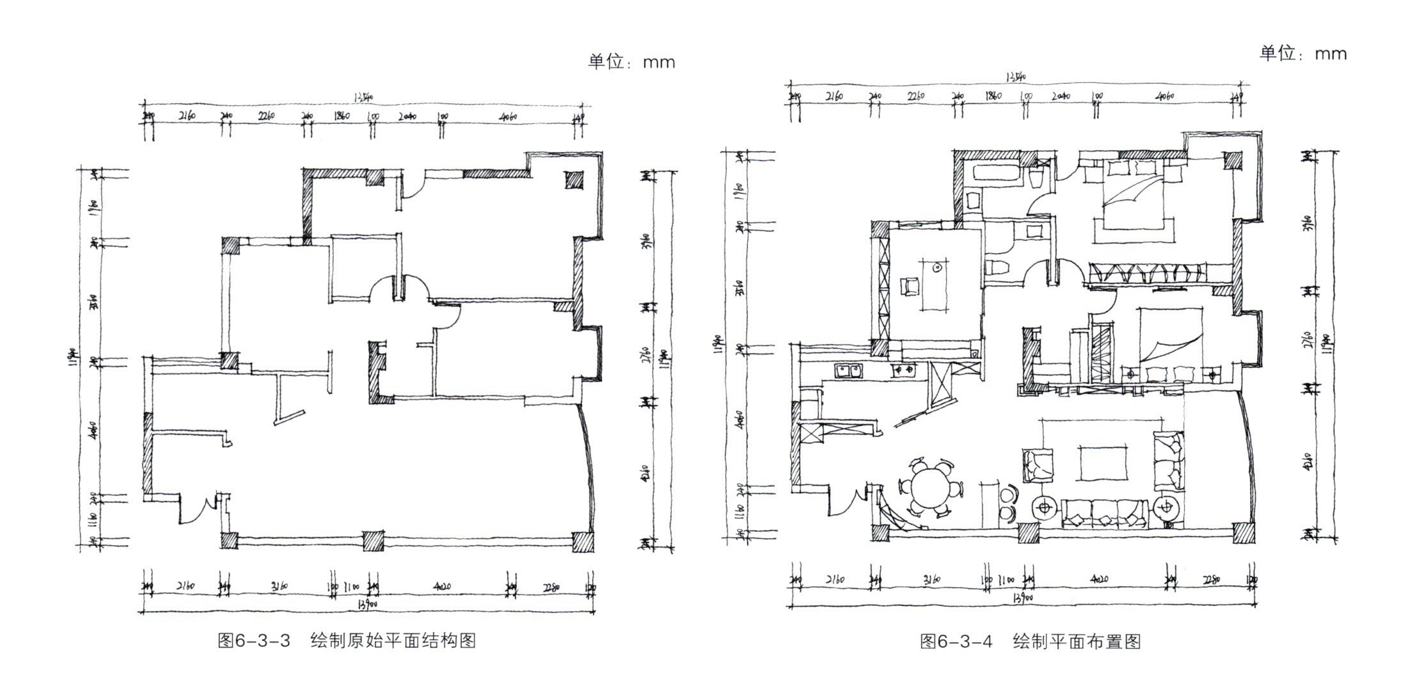

图6-3-3　绘制原始平面结构图

图6-3-4　绘制平面布置图

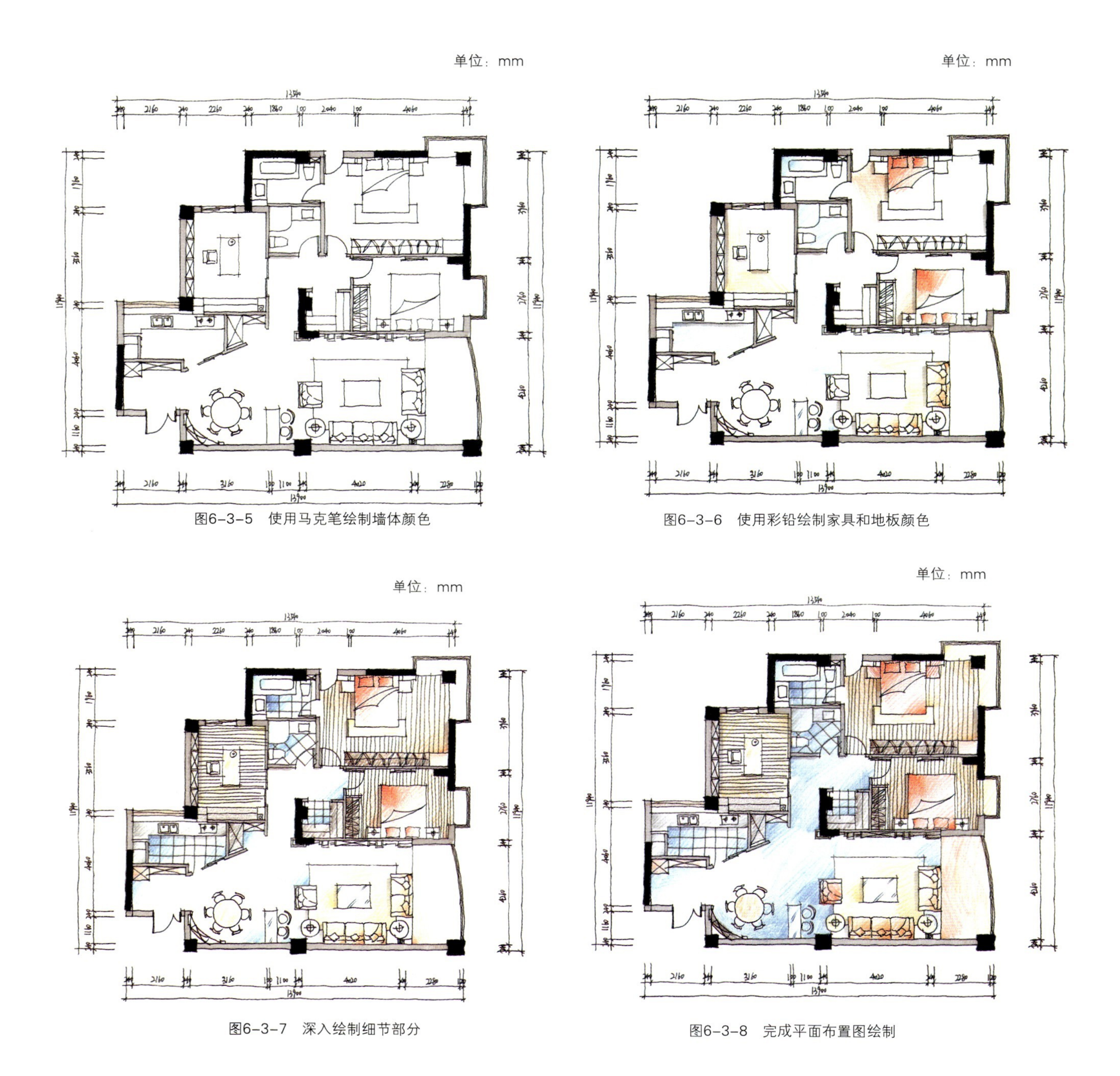

图6-3-5　使用马克笔绘制墙体颜色

图6-3-6　使用彩铅绘制家具和地板颜色

图6-3-7　深入绘制细节部分

图6-3-8　完成平面布置图绘制

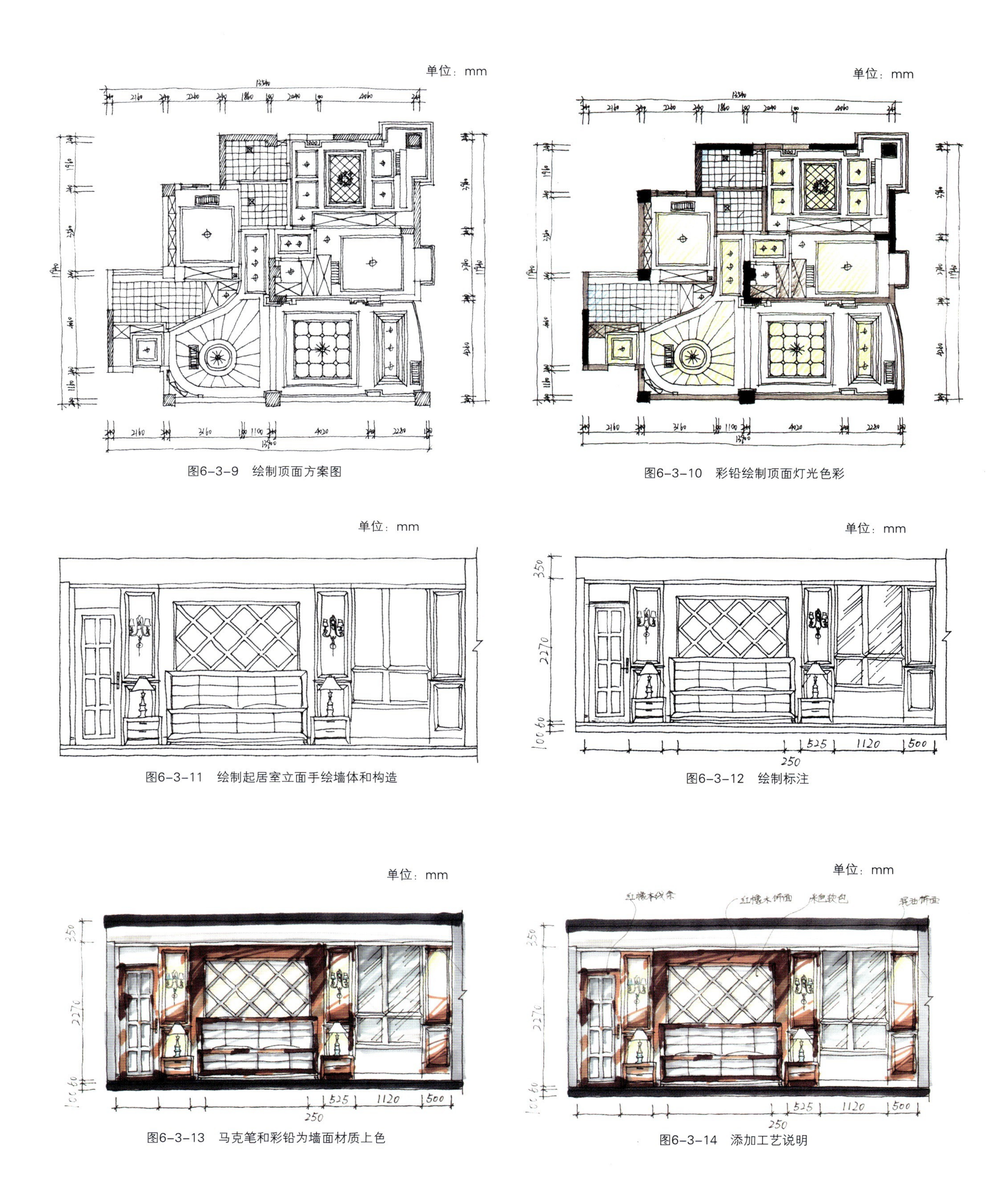

图6-3-9 绘制顶面方案图

图6-3-10 彩铅绘制顶面灯光色彩

图6-3-11 绘制起居室立面手绘墙体和构造

图6-3-12 绘制标注

图6-3-13 马克笔和彩铅为墙面材质上色

图6-3-14 添加工艺说明

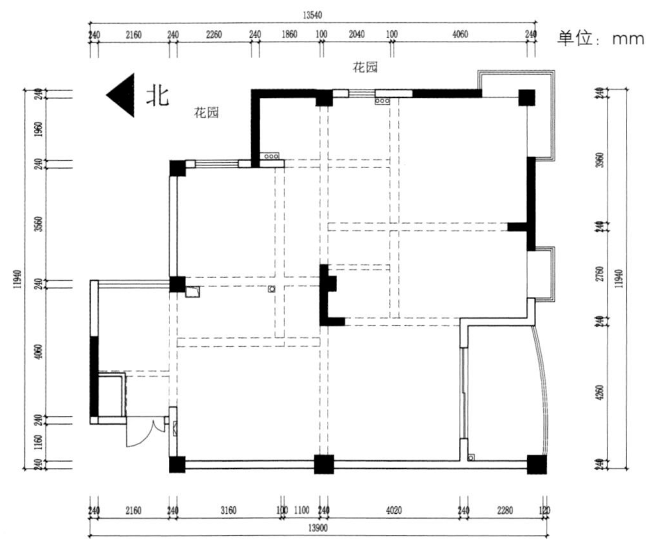

图6-3-15　建筑原始结构图

3.3 施工图绘制阶段

与业主沟通后确定设计方案，绘制平面图、立面图、顶面图等（图6-3-15至图6-3-21）。

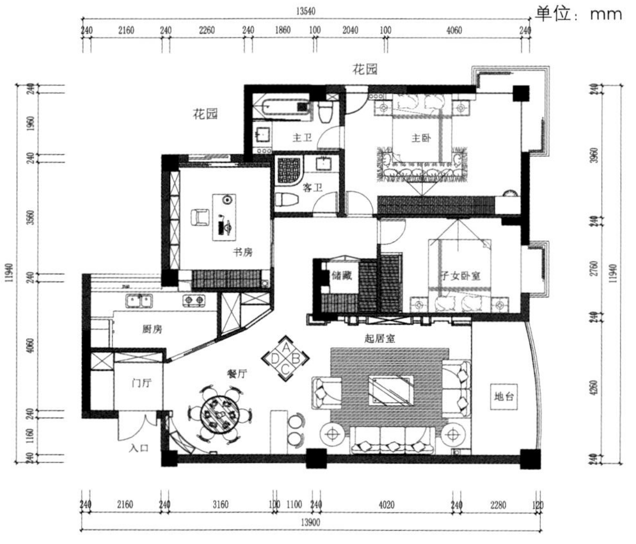

图6-3-16　平面布置图

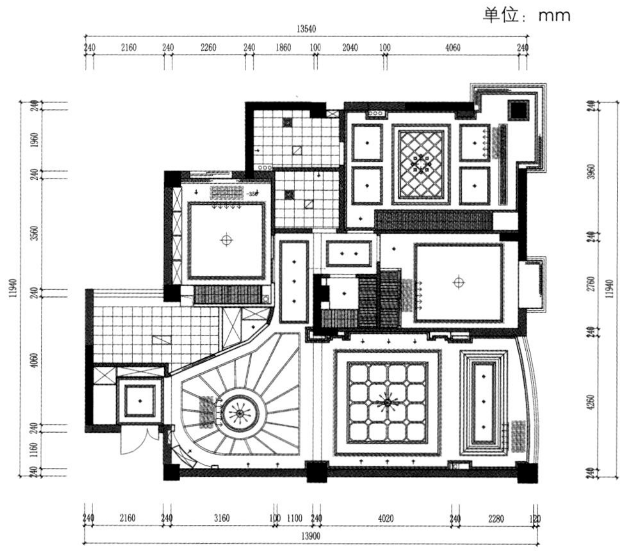

图6-3-17　顶面布置图

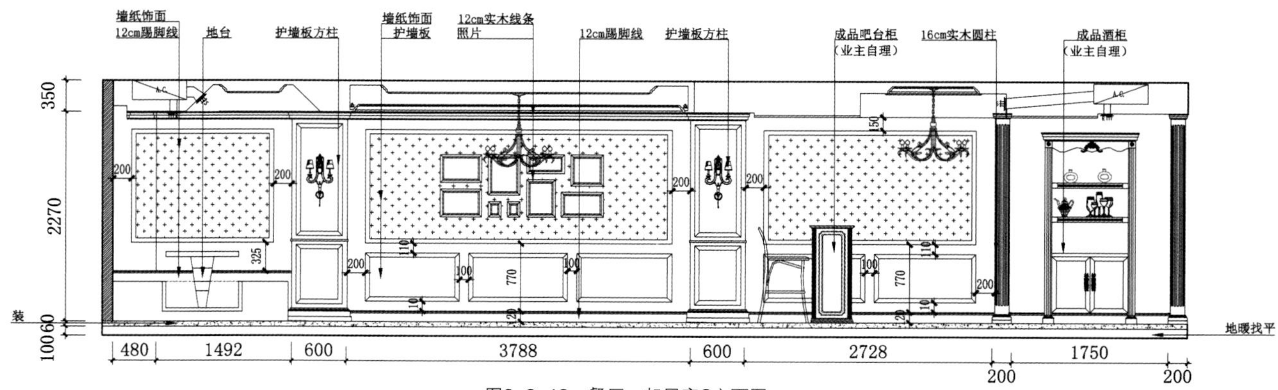

图6-3-18　餐厅、起居室C立面图

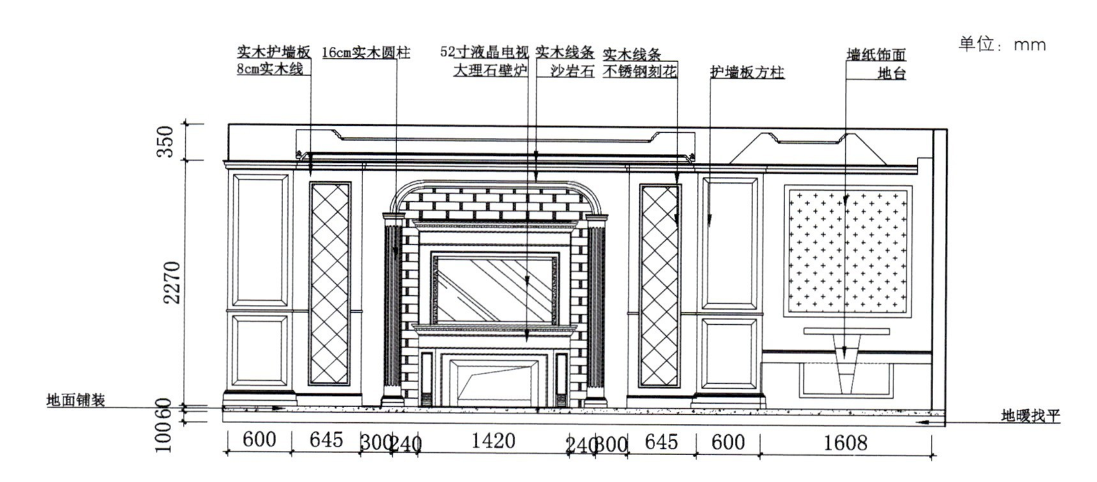

图6-3-19 起居室A立面图

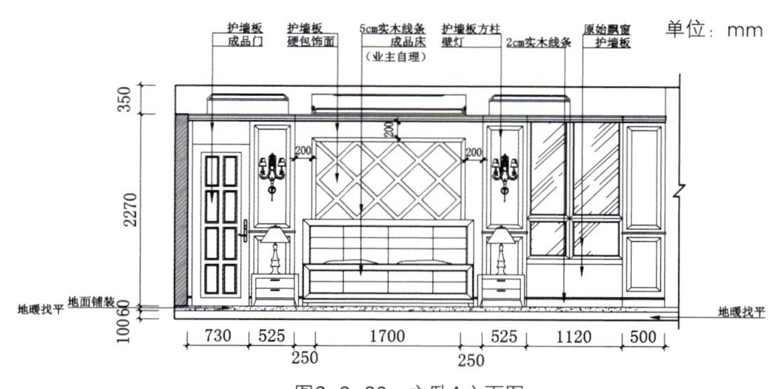

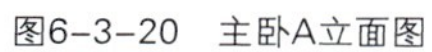
图6-3-20 主卧A立面图

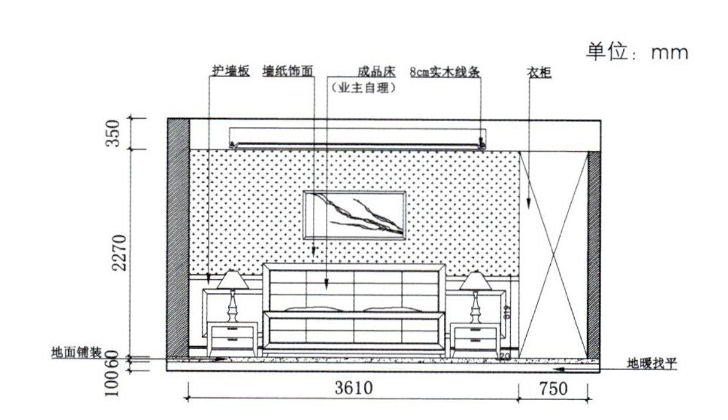

图6-3-21 子女卧室C立面图

3.4 效果图绘制

绘制效果图（图6-3-22、图6-3-23）。

图6-3-22 俯瞰效果图

图6-3-23 起居室效果图

3.5 预算编制

预算编制如表6-3-1所示。

表6-3-1 工程预算表

<table>
<tr><td colspan="7">工程(预)算表</td></tr>
<tr><td colspan="7">业　主: ×××（先生/女士）　　设计师: ×××（设计师）</td></tr>
<tr><td colspan="7">工程地址: ×××（地址）　　编制单位: ×××（有限公司）</td></tr>
<tr><td rowspan="10" colspan="2">温馨提示</td><td colspan="5">1. 本预算合同未签订之前，请勿带走（否则须交本预算造价5%预算费，合同签订后计入工程款）</td></tr>
<tr><td colspan="5">2. 本预算如有漏报、少报或增加项目，则按实际施工项目结算工程款，单价以本预算所定价格预算</td></tr>
<tr><td colspan="5">3. 客户自购的材料购买前敬请货比三家，以保证材料的品质与真实价格</td></tr>
<tr><td colspan="5">4. 市场上没有本预算中所定的品牌材料，本公司有权购买其他同性能品牌的材料</td></tr>
<tr><td colspan="5">5. 如采用进口大理石、花岗石、面砖、地砖、抛光砖，人工费另计</td></tr>
<tr><td colspan="5">6. 仿古地砖开缝安装人工费按60元/平方米，仿古地砖菱形开缝安装人工费70/平方米，仿古地砖菱形拼花开缝安装人工费按80元/平方米，花线安装人工费15元/米，马赛克安装人工费按90元/平方米计算</td></tr>
<tr><td colspan="5">7. 工程所有增减项目在木工结束、收二期款时结算</td></tr>
<tr><td colspan="5">8. 大于等于20厘米*20厘米小方砖安装人工费按80元/平方米，10厘米*10厘米小方砖安装人工费90元/平方米</td></tr>
<tr><td colspan="5">9. 物业部门向施工人员收取的出入费和管理费由业主负责支付</td></tr>
<tr><td colspan="5">10. 本预算解释权由×××装饰工程有限公司解释，业主签字认可后和合同具有同等效力</td></tr>
<tr><td>设计类别</td><td>编号</td><td>工程或费用名称</td><td>单位</td><td>数量</td><td>单价（元）</td><td>总价（元）</td></tr>
<tr><td rowspan="5">基础部分</td><td>1</td><td>拆墙(业主自理)</td><td>m²</td><td>11.3</td><td>0.00</td><td>0.00</td></tr>
<tr><td>2</td><td>砖砌单墙人工费</td><td>m²</td><td>109.6</td><td>35.00</td><td>3836.00</td></tr>
<tr><td>3</td><td>粉墙人工费</td><td>m²</td><td>219.2</td><td>10.00</td><td>2192.00</td></tr>
<tr><td>4</td><td>板隔墙</td><td>m²</td><td>6.3</td><td>110.00</td><td>693.00</td></tr>
<tr><td>5</td><td>配电箱移位</td><td>项</td><td>1</td><td>300.00</td><td>300.00</td></tr>
<tr><td rowspan="10">客厅/餐厅</td><td>1</td><td>防盗门表面保护</td><td>项</td><td>1</td><td>100.00</td><td>100.00</td></tr>
<tr><td>2</td><td>门套基层(一层木工板)</td><td>m</td><td>5.8</td><td>40.00</td><td>232.00</td></tr>
<tr><td>3</td><td>天花造型(30cm×50cm专用木龙骨，泰山石膏板)</td><td>m²</td><td>54</td><td>110.00</td><td>5940.00</td></tr>
<tr><td>4</td><td>天花侧挂木工板</td><td>m²</td><td>17.8</td><td>95.00</td><td>1691.00</td></tr>
<tr><td>5</td><td>天花圆弧形吊顶增加费</td><td>项</td><td>1</td><td>500.00</td><td>500.00</td></tr>
<tr><td>6</td><td>吸顶反光灯槽造型</td><td>m</td><td>19.5</td><td>50.00</td><td>975.00</td></tr>
<tr><td>7</td><td>窗台大理石(业主自理)</td><td>m</td><td></td><td>0.00</td><td>0.00</td></tr>
<tr><td>8</td><td>客厅吧台（厂家定制）</td><td>m</td><td>1.4</td><td>0.00</td><td>0.00</td></tr>
<tr><td>9</td><td>窗帘盒弧形</td><td>m</td><td>4.1</td><td>80.00</td><td>328.00</td></tr>
<tr><td>10</td><td>地面铺大理石（业主自理）</td><td>m²</td><td>46</td><td></td><td>0.00</td></tr>
</table>

续表

设计类别	编号	工程或费用名称	单位	数量	单价（元）	总价（元）
	11	榻榻米铺大理石（业主自理）	m²	8		0.00
	12	客厅文化石安装人工费	m²	1.3	80.00	104.00
	13	地面走边安装费(业主自理)	m	43	0.00	0.00
	14	包排污管	条	1	100.00	100.00
储存室	1	入口暗门(门厂定制)	扇		0.00	0.00
	2	门桥	m	1	50.00	50.00
	3	门套基层(木工板)	m	5.6	40.00	224.00
	4	天花造型(30cm×50cm专用木龙骨，泰山石膏板)	m²	1.5	110.00	165.00
	5	储物层板二层(木工板，木料，五厘板，波音膜)	m	13.8	450.00	6210.00
	6	地面铺大理石（业主自理）	m²	0.4	0.00	0.00
	7	地面抬高找平人工	m²	1.5	70.00	105.00
厨房	1	门桥	m	2	50.00	100.00
	2	门套基层(木工板)	m	6	40.00	240.00
	3	地面铺大理石（业主自理）	m²	7.7	0.00	0.00
	4	地面铺大理石（业主自理）	m²	22.3	0.00	0.00
外卫生间	1	门桥	m	1	50.00	50.00
	2	门套基层(木工板)	m	5	40.00	200.00
	3	浴缸，淋浴房，坐便器(业主负责联系供应商安装)	项	1	0.00	0.00
	4	大理石门槛(业主自理)	m	0.8	0.00	0.00
	5	地面铺仿古砖	m²	3.7	60.00	222.00
	6	地面找平人工	m²	3.7	15.00	55.50
	7	墙面铺仿古砖	m²	17	60.00	1020.00
	8	墙面防水处理	项	1	200.00	200.00
	9	地面防漏处理	项	1	300.00	300.00
书房	1	门桥	m	2	50.00	100.00
	2	门套基层(木工板)	m	12	40.00	480.00
	3	天花造型(30cm×50cm专用木龙骨，泰山石膏板)	m²	10.8	110.00	1188.00
	4	天花侧挂木工板	m²	2.4	95.00	228.00
	5	吸顶反光灯槽造型	m	10	50.00	500.00
	6	窗帘盒	m	2.8	50.00	140.00
	7	门槛大理石(业主自理)	m		0.00	0.00
	8	地面铺实木地板(业主自理)	m²	10.5		0.00

续表

设计类别	编号	工程或费用名称	单位	数量	单价（元）	总价（元）
次卧	1	门桥	m	1	50.00	50.00
	2	门套基层(木工板)	m	5	40.00	200.00
	3	天花造型(30cm×50cm专用木龙骨，泰山石膏板)	m²	13.7	110.00	1507.00
	4	天花侧挂木工板	m²	2.6	95.00	247.00
	5	吸顶反光灯槽造型	m	10.6	50.00	530.00
	6	窗帘盒	m	3	50.00	150.00
	7	飘窗水泥层敲除	个	1	100.00	100.00
	8	窗台大理石(业主自理)	m		0.00	0.00
	9	地面铺实木地板(业主自理)	m²	11.5		0.00
主卧室房	1	门套基层(木工板)	m	10	40.00	400.00
	2	门桥	m	1	50.00	50.00
	3	天花造型(30cm×50cm专用木龙骨，泰山石膏板)	m²	23.1	110.00	2541.00
	4	天花侧挂木工板	m²	9.45	95.00	897.75
	5	吸顶反光灯槽造型	m	8.4	50.00	420.00
	6	窗帘盒	m	6.2	50.00	310.00
	7	飘窗水泥层敲除	个	1	100.00	100.00
	8	窗台大理石(业主自理)	m		0.00	0.00
	9	地面铺实木地板(业主自理)	m²	20.5		0.00
	10	包排污管	条	3	100.00	300.00
	11	大理石走边(业主自理)	m²		0.00	0.00
内卫生间	1	门桥	m	1	50.00	50.00
	2	门套基层(木工板)	m	5	40.00	200.00
	3	大理石门槛(业主自理)	m	0.8	0.00	0.00
	4	落水管及三角阀，连接软管安装人工费	项	1	100.00	100.00
	5	浴缸、淋浴房、坐便器(业主负责联系供应商安装)	项	1	0.00	0.00
	6	嵌入式浴缸水泥抬高人工	m²	1.6	80.00	128.00
	7	浴缸台面大理石（业主自理）	m²	0	0.00	0.00
	8	地面铺仿古砖	m²	3.1	60.00	186.00
	9	墙面铺仿古砖	m²	20	60.00	1200.00
	10	墙面防水处理	项	1	200.00	200.00
	11	地面防漏处理	项	1	300.00	300.00
	12	包排污管	条	3	100.00	300.00

续表

设计类别	编号	工程或费用名称	单位	数量	单价（元）	总价（元）
强弱电布置	1	电工及灯具安装(国标布线)	m²	149	40.00	5960.00
	2	公元牌pvc套管(天花全套管加八角盒，喉管)	项	1	650.00	650.00
	3	开关盒及辅材(做背梭)	项	1	300.00	300.00
	4	接线端子处理	项	1	450.00	450.00
	5	客厅卡式空调专线(2.24)(熊猫电线)	项	1	400.00	400.00
	6	房间卡式空调专线(1.78)(熊猫电线)	项	1	800.00	800.00
	7	TV专线客厅卧室(深圳讯道)	项	1	300.00	300.00
	8	电脑电话专线(深圳讯道)	项	1	400.00	400.00
	9	照明线(1.38)(熊猫电线)	项	1	2200.00	2200.00
	10	电源插座线(1.78)(熊猫电线)(厨房2.24)	项	1	1800.00	1800.00
	11	客厅HDMI专线(视客户是否需要)	项	1	300.00	300.00
	12	电视机后网络线(深圳讯道)	项	1	300.00	300.00
	13	家庭影院专线(深圳讯道)	项	1	280.00	280.00
	14	三排线(客厅及主卧)	项	1	200.00	200.00
	15	漏电保护器(业主自理)	项	1	0.00	0.00
	16	电工线槽粉平	项	1	300.00	300.00
	17	电工地面线管预埋开槽	m²	149	8.00	1192.00
	18	空调铜管预埋打槽(业主自理)	项	1	0.00	0.00
	19	空调滴水管及预埋打槽(业主自理)	项	1	0.00	0.00
给排水	1	给排水安装人工费	套	1	1500.00	1500.00
	2	伟星管及接头(4分管)	套	1	2000.00	2000.00
	3	空气源回水（高标准）	套	1	800.00	800.00
	4	排污排水管及配件	套	1	500.00	500.00
	5	地漏	个	5	60.00	300.00
油漆	1	天花墙面刮底打磨人工费	套	1	6800.00	6800.00
	2	刮灰材料费	套	1	5600.00	5600.00
	3	油漆阴阳角处理人工费	项	1	500.00	500.00
	4	油漆调色费(暂定没有)	项	1	0.00	0.00
	5	多乐士抗甲醛五合一墙面漆(高端客户推荐)	听	8	668.00	5344.00
	6	多乐士五合一配套抗碱底漆(高端客户推荐)	听	5	388.00	1940.00
	7	聚酯漆(华润)家具及木皮部分	m²		80.00	0.00

续表

设计类别	编号	工程或费用名称	单位	数量	单价（元）	总价（元）
其他	1	水泥、沥灰、沙、砖包括担工(业主自理)	项	1		0.00
	2	脚手架	项	1	200.00	200.00
	3	泥水零星修补	项	1	400.00	400.00
	4	地面保护材料	项	1	500.00	500.00
	5	墙面刷防水胶(卫生间外墙及东南面内墙)	m²	45	25.00	1125.00
	6	给排水，热水器，布线钻孔	个	6	40.00	240.00
	7	垃圾袋	项	1	400.00	400.00
	8	垃圾清理至房门口(每天清理)	项	1	800.00	800.00
	9	内运费(指材料从楼下搬运至装修房内)(业主自理)	项	1		0.00
	10	空调风口造型	个	6	150.00	900.00
	11	清洗费(业主自理)	项	1		0.00
合计						84916.25
其他费用	1	机械费	项	84916	0.01	849.16
	2	管理费	项	84916	0.04	3396.65
	3	设计费	项	14900	0.50	7450.00
	4	税金	项		0.06	0.00
总计：						96612.06

设计类别	编号	工程或费用名称	单位	数量	单价（元）	总价（元）
个性化部分	1	入口鞋柜柜体	m	1.48	900.00	1332.00
	2	入口换衣柜柜体	m	0.59	1000.00	590.00
	3	客厅、餐厅九厘板基层	m²	47	90.00	4230.00
	4	天花石膏线3cm平线条	m	126.4	15.00	1896.00
	5	天花弧形石膏线条3cm	m	8.5	50.00	425.00
	6	天花石膏线5cm线条	m	14	20.00	280.00
	7	天花石膏线8cm线条	m	47.4	25.00	1185.00
	8	天花弧形石膏线8cm线条	m	5	80.00	400.00
	9	天花8cm实木线条	m	19.5	70.00	1365.00
	10	客厅踏踏米木工板内桶	m²	8	450.00	3600.00
	11	客厅踏踏米抽屉（雅洁五金业主自理）	个	3	400.00	1200.00
	12	客厅榻榻米升降台	个	1	1680.00	1680.00
	13	客厅电视背景木工板造型基础	m²	11	120.00	1320.00
	14	玄关、电视背景灰镜	m²	3.6	180.00	648.00

续表

设计类别	编号	工程或费用名称	单位	数量	单价（元）	总价（元）
次卧	1	墙面护墙板基层	m²	11.2	90.00	1008.00
	2	天花石膏线8cm线条	m	10.6	25.00	265.00
	3	天花石膏线3cm平线条	m	10.6	15.00	159.00
	4	次卧室衣柜柜体	m	1.88	1000.00	1880.00
	5	次卧室衣柜内抽屉	个	2	150.00	300.00
	6	雅洁五金(业主自理)	项	1	0.00	0.00
书房	1	墙面护墙板基层	m²	3.7	90.00	333.00
	2	天花石膏线8cm线条	m	9.9	25.00	247.50
	3	天花石膏线3cm平线条	m	9.9	15.00	148.50
	4	书房衣柜柜体	m	2.09	1000.00	2090.00
	5	书房衣柜内抽屉	个	2	150.00	300.00
	6	书房书柜柜体	m	1.88	3000.00	5640.00
	7	书房书柜内抽屉	个	2	150.00	300.00
	8	雅洁五金(业主自理)	项	1	0.00	0.00
更衣室	1	衣柜柜体	m	2.76	1000.00	2760.00
	2	衣柜内抽屉	个	4	150.00	600.00
主卧室	1	主卧室衣柜柜体	m	3.55	1000.00	3550.00
	2	主卧室梳妆台（购买成品）	个	1	0.00	0.00
	3	天花石膏线8cm线条	m	25.9	25.00	647.50
	4	天花石膏线3cm平线条	m	47.1	15.00	706.50
	5	天花8cm实木线条	m	26.1	70.00	1827.00
	6	衣柜内抽屉	个	4	150.00	600.00
	7	墙面护墙板、软包基层	m²	21	90.00	1890.00
合计						45403.00
总计：（半包加个性化）						142015.06
设计类别	编号	工程或费用名称	单位	数量	单价（元）	总价（元）
主材部分	1	客厅电视背景实木墙板	m²	15.4	1000.00	15400.00
	2	客厅电视背景罗马柱	条	2	1200.00	2400.00
	3	客厅电视背景弧形欧式顶线	m	2	200.00	400.00
	4	客厅电视背景不锈钢刻花	m²	1.5	1800.00	2700.00
	5	客厅沙发背景实木墙板	m²	12.2	1000.00	12200.00
	6	客厅榻榻米抽屉实木面板	m²	0.7	1000.00	700.00

续表

设计类别	编号	工程或费用名称	单位	数量	单价（元）	总价（元）
主材部分	7	餐厅背景实木墙板	m²	6.5	1000.00	6500.00
	8	餐厅背景罗马柱	条	2	1200.00	2400.00
	9	餐厅吧台	m	1.4	1500.00	2100.00
	10	餐厅酒柜（厂家定制）业主自理	m	1	3800.00	3800.00
	11	玄关背景墙板实木门	m²	8.43	1000.00	8430.00
	12	玄关鞋柜背景刻花板	m²	2.1	800.00	1680.00
	13	厨房不锈钢刻花移门	m²	3.46	2400.00	8304.00
	14	过道背景实木墙板	m²	22.5	1000.00	22500.00
	15	书房不锈钢刻花移门	m²	3.4	2400.00	8160.00
	16	主卧衣柜实木开门	m²	11.4	1000.00	11400.00
	17	主卧实木墙板	m²	21.5	1000.00	21500.00
	18	主卧室梳妆台（购买成品）	个	1	0.00	0.00
	19	主卧软包	m²	3.4	600.00	2040.00
	20	次卧衣柜移门	m²	4.2	800.00	3360.00
	21	次卧背景实木墙板	m²	10.2	1000.00	10200.00
	22	书房衣柜实木开门	m²	7.2	1000.00	7200.00
	23	书房翻板床实木柜门	m²	3	1000.00	3000.00
	24	书房翻板床1.2米	项	1	4280.00	4280.00
	25	书房翻板床柜桶	m	1.27	1000.00	1270.00
	26	书房书柜实木门	m²	4.56	1000.00	4560.00
	27	书房实木墙板	m²	3.68	1000.00	3680.00
合计						170164.00
设计类别	编号	工程或费用名称	单位	数量	单价（元）	总价（元）
门类	1	木门	扇	5	1660.00	8300.00
	2	门套	m	95	112.00	10640.00
	3	衣柜套系列	m	6.7	112.00	750.40
	4	踢脚线系列	m	90	40.00	3600.00
	5	安装费	套	1	1100.00	1100.00
合计						24390.40
总计：（半包+个性化+墙板柜门，门套系列）						336569.46
确认本预算签字： (本预算业主签字认可后，如提出自购或减项需交纳预算减少额10%的违约金）						
业主签字：　　　　日期：　年　月　日						

思考与练习

1. 试述中户型空间的类型及设计要点。
2. 根据案例三内容，解析、复原设计方案。
3. 根据中户型居住空间设计实训的步骤，完成120m^{2}左右的户型方案设计。

第七章　大户型居住空间设计

第一节　大户型居住空间设计原则

1.1 大户型空间的类型

大户型居住空间通常有平层、复式和跃层三种房型形式。

大户型居室一般是指居室面积在140m^{2}以上，居住人口数量与房屋面积之间的比例较大的户型。特点是面积大，空间充裕，能够在满足人们基本功能要求的同时追求更高的生活需求。大户型的使用对象大多是事业有成的中年夫妇，对生活品质追求较高的人群，人均面积较大，适合两代或三代人共同居住。设计方向趋向于享受生活，从物质向文化和生活品位的转变。

1.2 大户型空间的设计要点

1.2.1 合理安排空间布局和流线

合理地进行室内空间布局是大户型室内设计的基本要素。根据家庭成员的数量、喜好、生活习惯与家庭生活方式等特点，将室内的布局做好规划，从而达到优化室内布局的目的。设计时应考虑动静分区以保证居住舒适性，尽量减少动静两区的交集，保证静区的使用者不被动区打扰。如两层或以上的复式和跃层式，在设计时可以将客厅、厨房、餐厅布置在一层，卧室、书房设置在二层来实现动静分区。

1.2.2 功能匹配的设计要求

大户型与中户型和小户型的设计手法有很大不同，大户型的空间范围比较大，对各种功能相互匹配的设计要求较强。细分设计较多，更加讲究对每一位家庭成员生活舒适性的考虑。例如，对于三代同堂的大家庭而言，在进行装修设计时应该充分考虑到不同年龄阶段的家庭成员的特点，为每个成员设计安全、舒适的生活空间，这一点对于老人与儿童尤为重要。另外，经常有客人来访、暂住的家庭还应该设计一个客房区，避免客人与主人在居住时的相互打扰，主人的私密性也会更有保障一些。

1.2.3 暖通设备的设计要求

大户型空间面积较大，对暖气、通风等设备设计的系统性要求较高，通常使用的有中央空调系统、地暖系统、热水系统等。设计前需要对相应的暖通系统要求有一定的了解，与相关工种做好协调工作。

1.2.4 注重软装饰的搭配

大户型在装修设计中，借助色彩、结构、家具和装饰品等来丰富空间是必要的手段。不同的色调可以让空间富有层次感和多样性。在色彩的使用上，大户型的设计基调自然还是以白色调为宜，然后局部使用色块处理。通过对地面、墙面、吊顶的设计也可以彰显主人的个性。同时，一些装饰品如字画、雕塑、古瓷等的点缀，既能弥补单调又为室内增添生机和内涵。

1.2.5 装修风格的统一

大户型的装修风格要统一，如今的大户型装修，越来越追求一种整体效果，也就是说，所有居室的风格应该保持一致。而装修风格的体现就是在客厅，由于空间面积比较大，所以客厅常常成为一个功能多元化的空间，在设计上特别能体现主人对于功能的不同需要。

第二节　大户型设计案例解析

2.1 案例一　大平层居住空间设计

三室两厅现代风格设计案例

项目简介：本套内面积约为195㎡的平层大户型住宅，原始户型为四房两厅一厨三卫，拥有一个生活阳台和一个工作阳台。各个空间的采光通风条件均优良（图7-2-1）。

业主信息：本项目供一家三口居住，中年夫妇两人，少年子女一人。夫妇二人均为外企高管，对生活的品质要求较高，喜欢简约的现代设计风格。女孩上中学，需要独立的个人空间。

设计要求：在195㎡的基础上进行改造，注重功能性的同时要注意体现业主审美追求和个性，满足一家三口舒适的生活需要。业主要求扩大起居空间，并在其中设计一个临时工作的区域，以便与家人相聚的同时可以处理一些简单的工作，同时需要一间供孩子学习的封闭式书房。业主喜欢周末在家宴请亲朋好友，要求改善厨房的空间面积。

空间布局：本案例户型人均面积较大，主卧和子女房分别位于居室两侧，减少父母和子女之间的相互干扰。设计在原始户型结构的基础上做了较大修改，根据业主需求将起居室空间扩大，将起居室一侧房间打通设计为开放式的工作区域，既扩大了起居室的面积又增加了家人团聚的机会；对储藏空间进行位置调整，避免走道区域的狭长感，使开放式的工作区域成为视觉中心，使人在室内行走时产生步移景异的效果（图7-2-2、图7-2-3）。

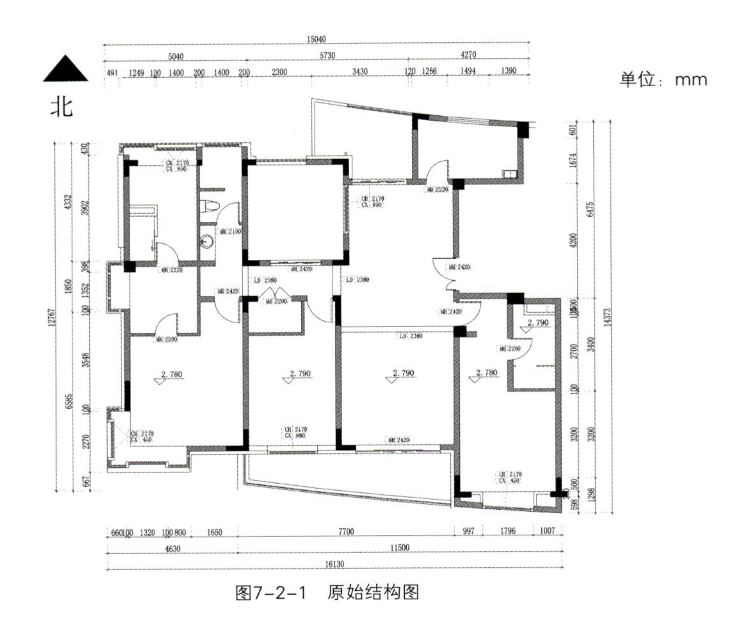

图7-2-1　原始结构图

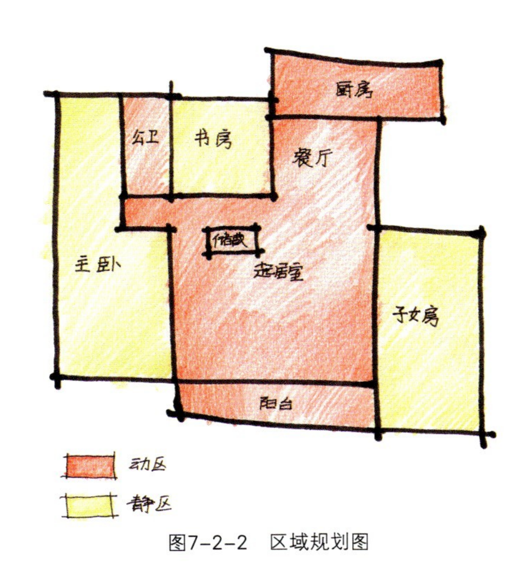

图7-2-2　区域规划图

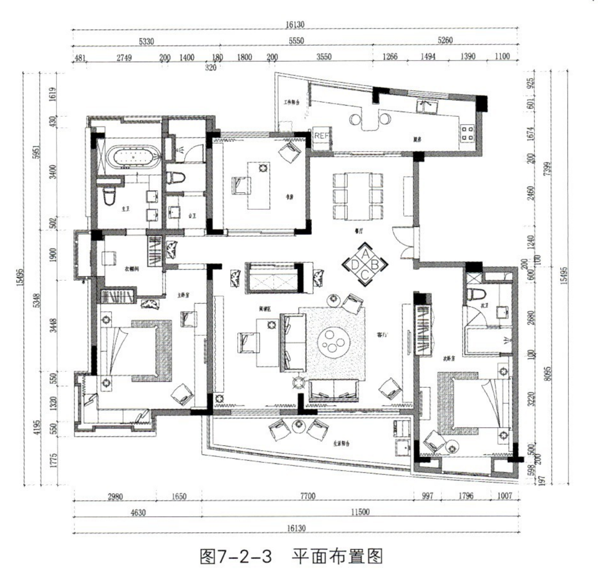

图7-2-3　平面布置图

家具与设备：本案例中的固定家具皆为根据使用需要因地制宜的设计，大部分家具以活动家具为主。本案例中的家具为流线形的现代风格家具，家具本身就是对室内风格的强化（图7-2-4、图7-2-5）。

材质与色彩：本案例中的墙面材质为乳胶漆、镜面和拉丝不锈钢，地面材质为白色玻化砖和胡桃木色实木地板。家具多为玻璃、金属和大理石材质，质感坚硬纹理生动。本案例的主色调为黑白二色，白色为主，少量黑色为点缀，高调的色彩使居室产生一种纯净、高尚的氛围（图7-2-6、图7-2-7）。

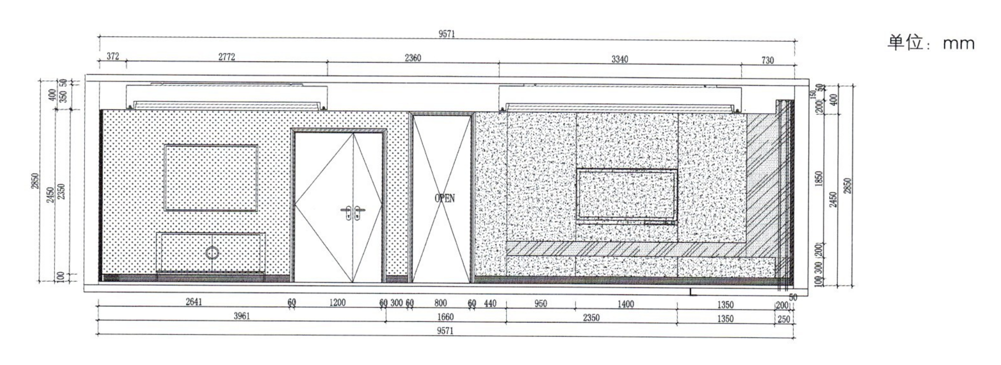

图7-2-4 起居室B立面图

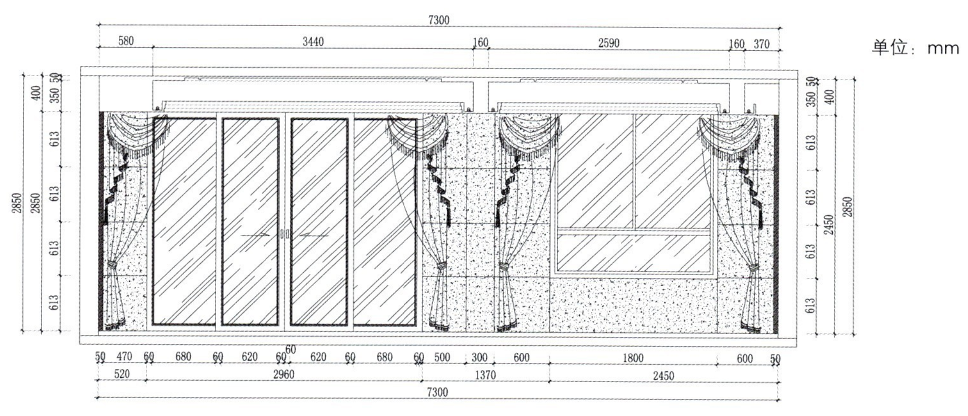

图7-2-5 起居室C立面图

图7-2-6 起居室效果图

图7-2-7 餐厅效果图

采光和照明：本案例各个空间采光均良好，室内以白色为主的色调增加了室内的光线，书房和阳台的玻璃移门使室内空间光线更加明亮。照明大量采用暗藏灯带的做法作为环境照明强调空间高度，均匀分布的嵌入式筒灯将光线均匀散射到室内的每一个角落。起居室采用现代风格的落地灯，极具个性的灯具可以调节室内光线，增加室内的光线层次（图7-2-8）。

图7-2-8　主卧室效果图

2.2 案例二　复式户型空间设计

大自然19幢多居室混搭风格设计案例①

项目简介：本案例套内面积约为270㎡的复式大户型住宅，原始户型为一厨四卫，拥有四个阳台。一层净高3米，内部空间结构限制较少，二层净高2.5米，顶面有坡度。各个空间的采光通风条件均优良（图7-2-9、图7-2-10）。

业主信息：本项目供一家三口人居住，中年夫妇两人，少年子女一人。夫妇二人均从商，平时闲暇时间较少。男孩子上小学，家中由保姆照顾孩子生活起居。

设计要求：在270㎡的基础上进行改造，业主要求主卧与子女房设计接近，方便与孩子沟通交流，家中偶尔有老人留宿，需要保留一间客房。

空间布局：本案例为复式空间，一层空间为正常层高，二层空间为2.5米，空间

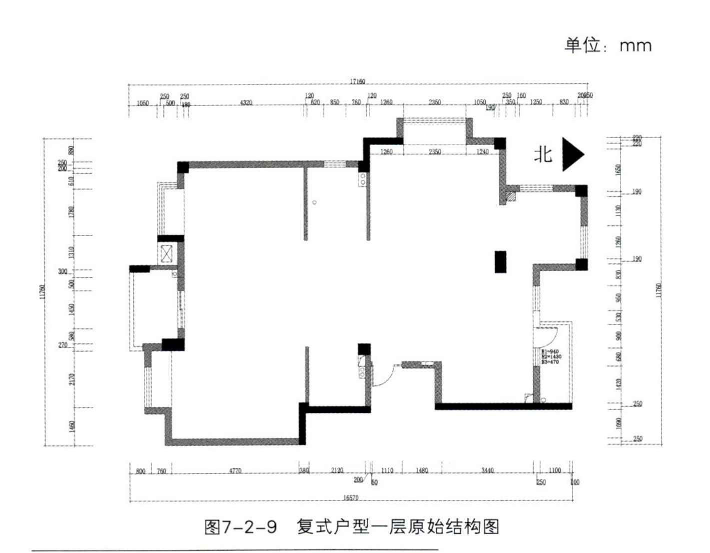

图7-2-9　复式户型一层原始结构图

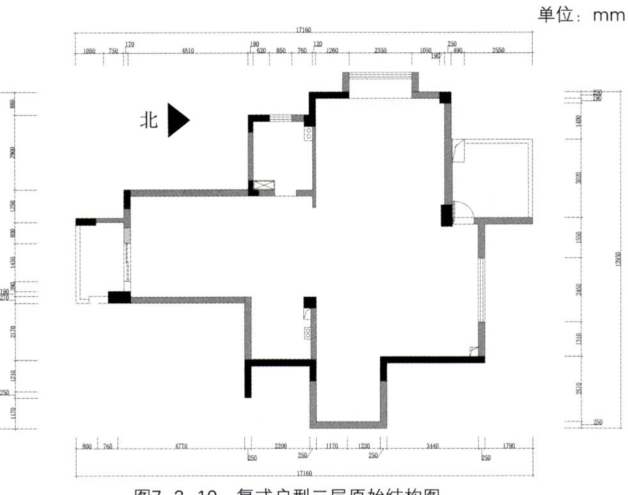

图7-2-10　复式户型二层原始结构图

①由平阳逸风装饰设计有限公司提供实际案例

限制较多，因此设计中将一层作为主要生活空间，二层作为工作空间和附属空间。一层空间将主卧、子女房和书房布置在一侧，实现动静分离。在平面布置上将书房设计为可开可闭式书房，将主卧和子女房的开门均设置在书房内，使书房成为主卧和子女卧室共享的第二起居室，有利于父母和子女的沟通交流（图7-2-11至图7-2-13）。

家具和设施：本案例为混搭风格，室内的活动家具为新中式风格，搭配墙面的大面积中式元素的格栅强化了室内的中式元素；室内家具根据空间面积选择，餐厅的餐桌选用圆形餐桌，增加就餐的团聚氛围（图7-2-14至图7-2-17）。

材质和色彩：本案例墙面主要以木质材质和壁纸为主，地面为光洁的大理石材质；局部装饰以木质格栅配合镜面以及金属格栅，格栅形成的隔而不断的空间分隔效果增加了空间的通透性，镜面配合格栅的效果形成奢华的视觉感受；起居室的电视背景墙采用大理石材质，大体量的墙面形成的整体性效果极佳。该案例整体色彩为中性色调，色彩在同一色系内的变化范围较大（图7-2-18）。

采光和照明：本案例空间门厅处和一层公共卫生间采光较差，在设计中将书房门增大，增加采光。挑高的起居室空间高度较高，照明采用较大的吊灯，在美观的同时有效地增加了室内光线。顶面采用嵌入式筒灯，局部墙面设计壁灯以弥补筒灯照射范围的不足。沙发两侧设计台灯，作为局部照明，增加室内灯光的层次。

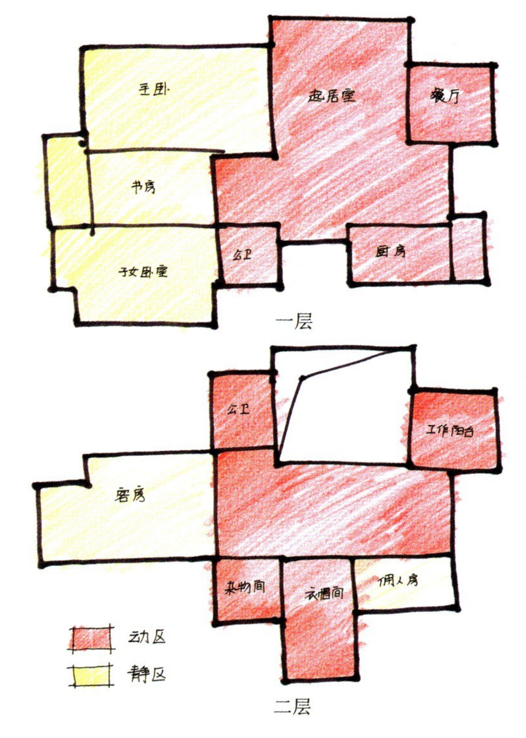

图7-2-11　平面规划图

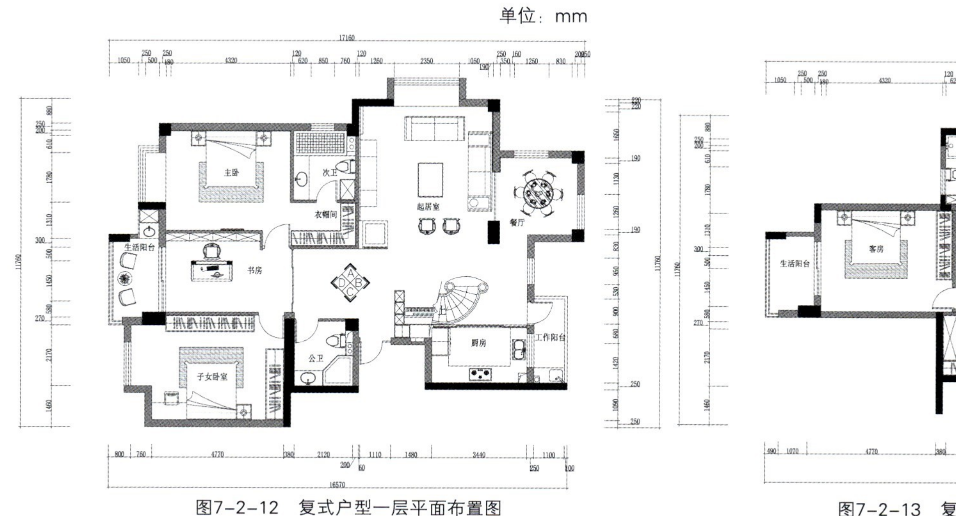

图7-2-12　复式户型一层平面布置图

图7-2-13　复式户型二层平面布置图

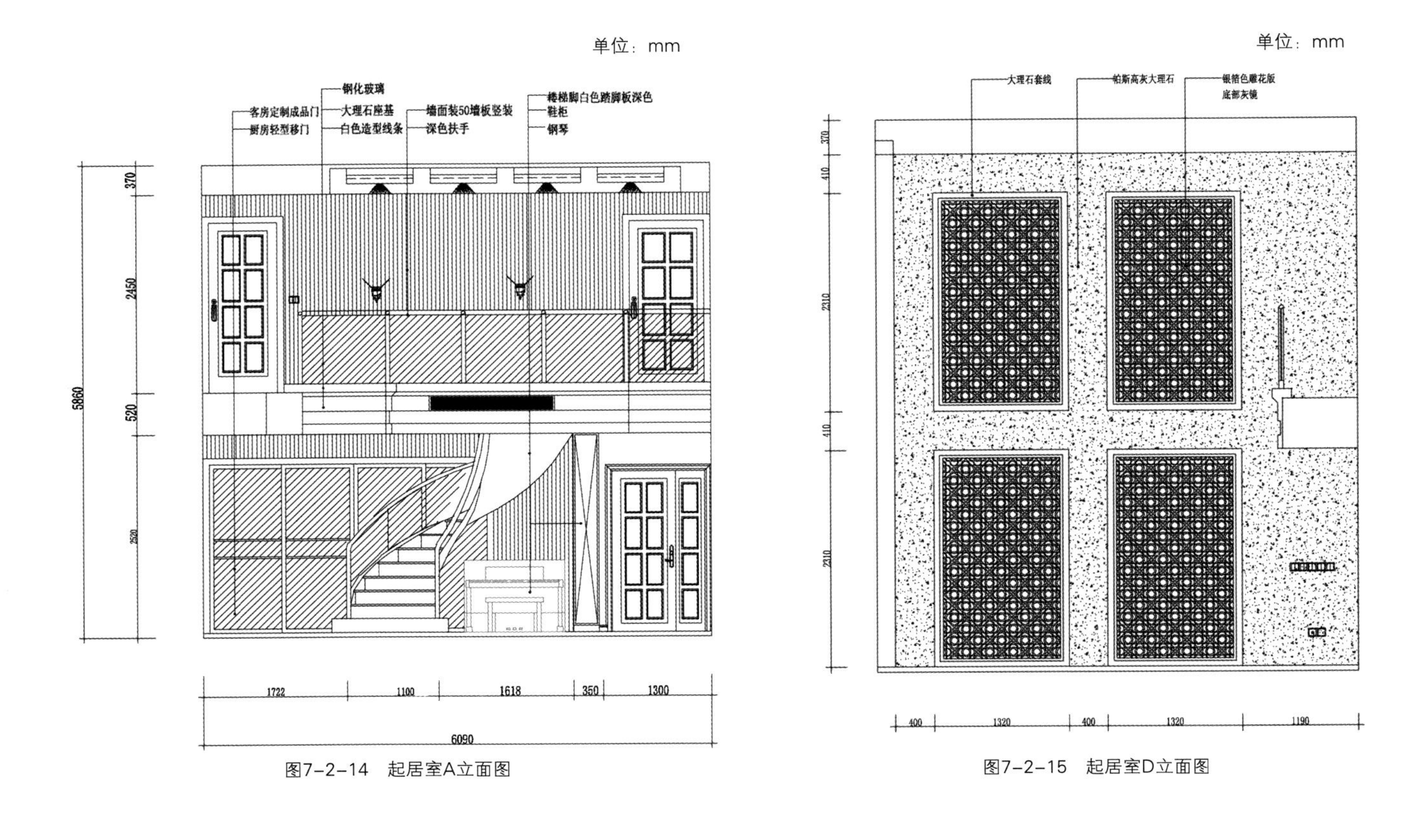

图7-2-14　起居室A立面图

图7-2-15　起居室D立面图

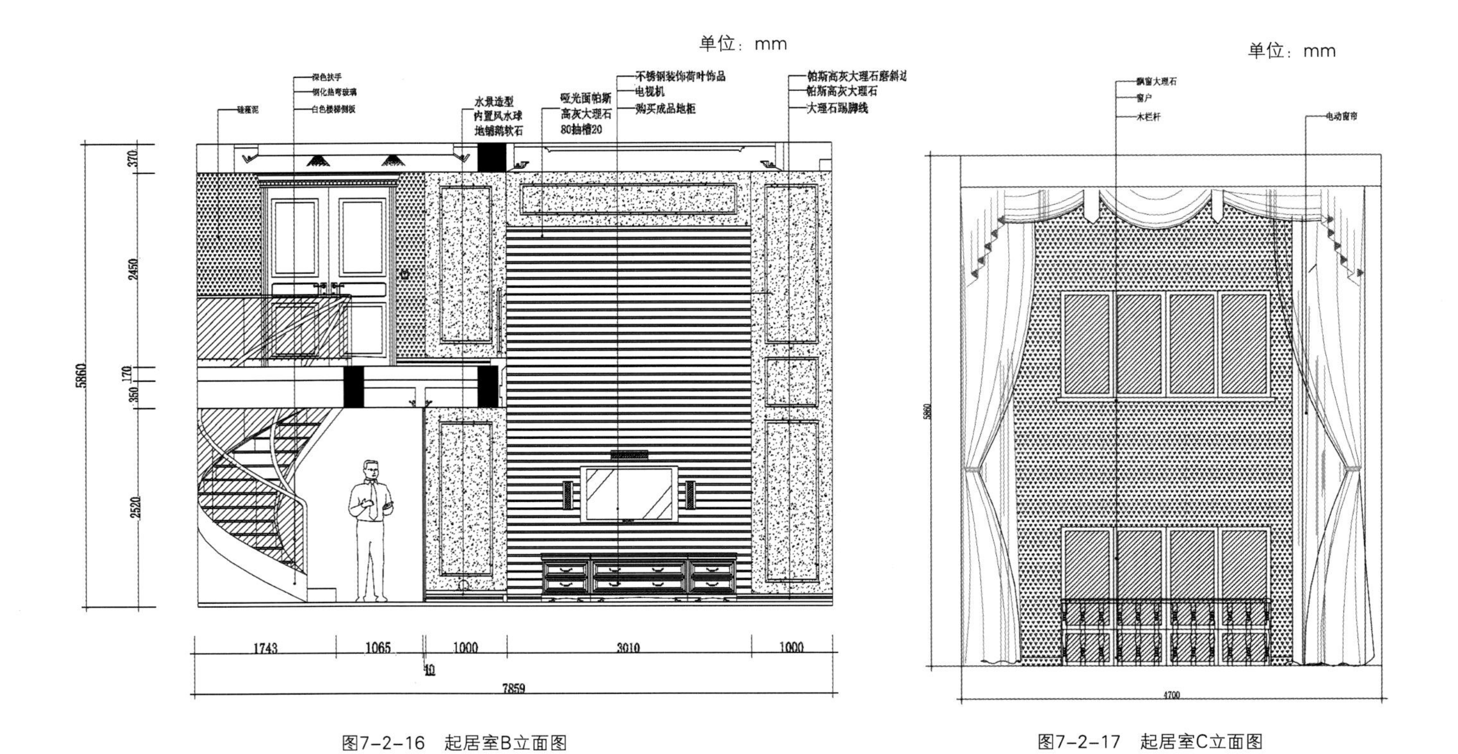

图7-2-16　起居室B立面图

图7-2-17　起居室C立面图

图7-2-18　复式起居室效果图

2.3 案例三　跃层大户型案例

昆山悠然雅居D户型新中式风格设计案例①

项目简介：本案例套内面积约为325㎡的跃层式住宅，原始户型为三房两厅一厨三卫，拥有一个独立的门厅、一个景观阳台和一个工作阳台。各个空间的采光通风条件均优良（图7-2-19、图7-2-20）。

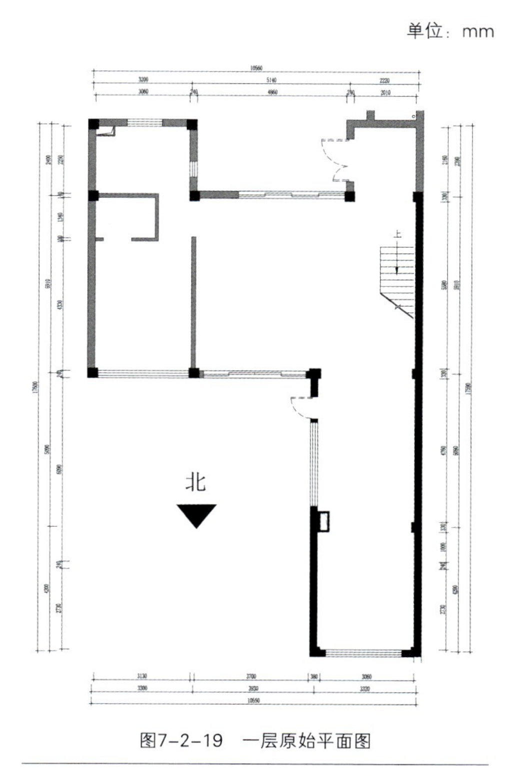

图7-2-19　一层原始平面图

单位：mm

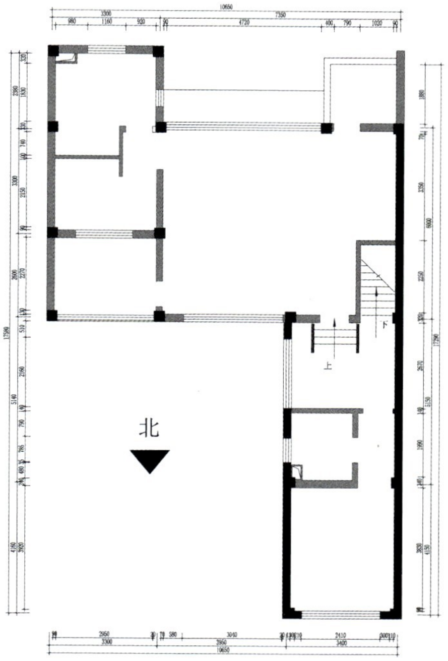

上
下
北

图7-2-20　二层原始平面图

①由上海京钰国际建筑与室内设计公司提供实际案例

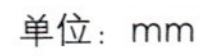

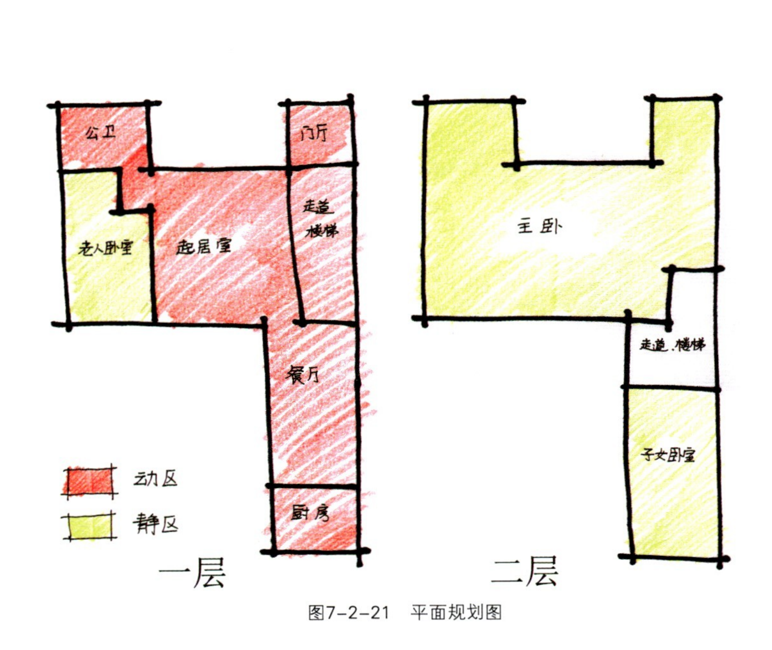

图7-2-21　平面规划图

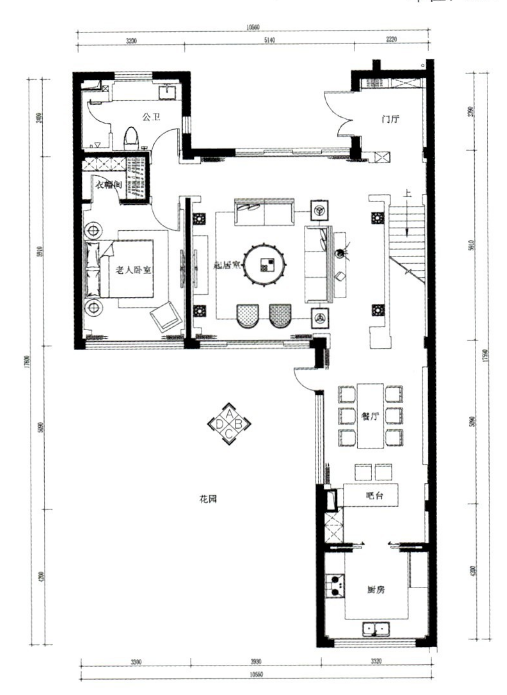

图7-2-22　一层平面布置图

单位：mm

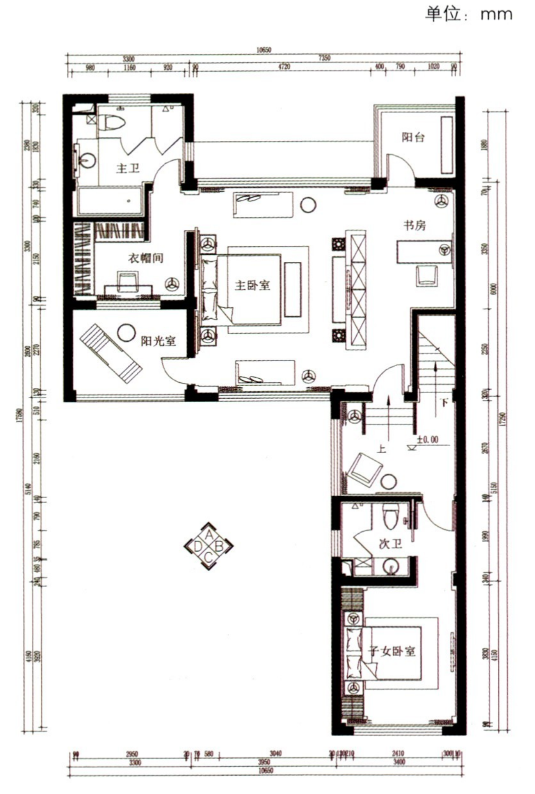

图7-2-23　二层平面布置图

业主信息：本项目供一家四口居住，中年夫妇两人，子女两人，老年夫妇二人和已婚子女偶尔居住。业主喜欢新中式设计风格，要求营造一种宁静典雅的空间氛围。

设计要求：在325m²的基础上进行改造，注重功能性的同时要注意业主审美追求的体现，满足一家三代人舒适的生活需要。该户型两层均有一个开敞的大空间，如何合理组织好空间布局，营造温馨氛围，避免过大空间形成的空旷感成为本案例平面布置的重要内容。

空间布局：本案例在空间平面规划上将二层作为核心成员生活区，一层作为公共区域，在空间规划上以楼层为空间划分实现动静分离。本案例的一层原始户型结构为开敞式布局，空间内分隔较少，空间感觉空旷不利于温馨的家庭氛围营造。设计中将起居室空间做了局部分隔，将楼梯空间做封闭处理，将门厅通道和餐厅通道变小，强化空间的围合感，使起居室空间具有一定的领域感。二层主卧室空间也是开敞式空间，过于大面积的空间不利于空间的有效利用和领域感的营造。设计中通过一定的分隔方法，将主卧室分隔出一处书房区域，使主卧空间和书房空间之间既通透，又具有各自的领域感（图7-2-21至图7-2-23）。

家具和设施：本案例户型居住人口较少，人均占有面积较大，有充分的面积用于配套设施的布置。本案例为新中式室内风格，选用简化中式风格元素的家具。起居室选用简洁的布艺沙发，围合成洽谈空间（图7–2–24、图7–2–25）；餐厅家具根据空间的形式选用长形餐桌（图7–2–26），低背扶手椅；卧室家具以软床为主，结合每个空间的大小定制床头柜和衣柜（图7–2–27）。

材质和色彩：本案例的墙面材质主要为饰面板和墙纸，选用和墙面饰面板相同的胡桃木色家具，室内色彩以深色为背景色，搭配以浅色的布艺家具和花纹地毯。

图7–2–24 一层客厅效果图1

图7–2–25 一层客厅效果图2

图7–2–26 餐厅效果图

图7–2–27 主卧室效果图

采光和照明：本案例室内采光条件良好，大面积落地窗对室内的影响较好。室内采用照度照明，主要使用嵌入式筒灯作为一般照明，利用窗帘部位设置窗帘照明，有利于烘托室内静逸的空间氛围。陈设区域使用射灯做重点照明，洽谈区域和卧室区域使用落地灯和台灯，以获得丰富的灯光层次（图7–2–28、图7–2–29）。

图7-2-28　主卫效果图

图7-2-29　二层子女卧室效果图

第三节　大户型设计实训

3.1 设计准备阶段

（1）任务书

① 使用功能：该户型为一对中年夫妇和一对老年夫妇四人共同居住，中年夫妇年龄在50岁左右，从事装饰装修行业；老年父母年龄在75岁左右。

② 确定面积：该户型为单元式三居室住宅，套内面积约160m^2，采光通风条件均良好。

③ 风格样式：业主倾向于新古典风格，室内装修希望能够营造出华丽的氛围。

④ 投资情况：业主属于成熟型用户，经济投资预算约100万元。

（2）收集资料

① 现场勘测：经过现场勘探与测量以及对周围环境观察（图7-3-1），绘制出建筑原始平面结构图（图7-3-2）。

② 案例资料整理：根据业主的具体情况、户型结构与面积、业主喜好的风格样式和具体的投资，在设计素材或者案例中寻找相关的资料，以供业主参考（图7-3-3）。

3.2 方案设计阶段

根据项目任务进行方案图的设计和绘制，初步确定设计方案，绘制平面布置图、顶面布置图、主要里面图等，通过方案图与业主沟通，从而进一步确定设计方案（图7-3-4至图7-3-16）。

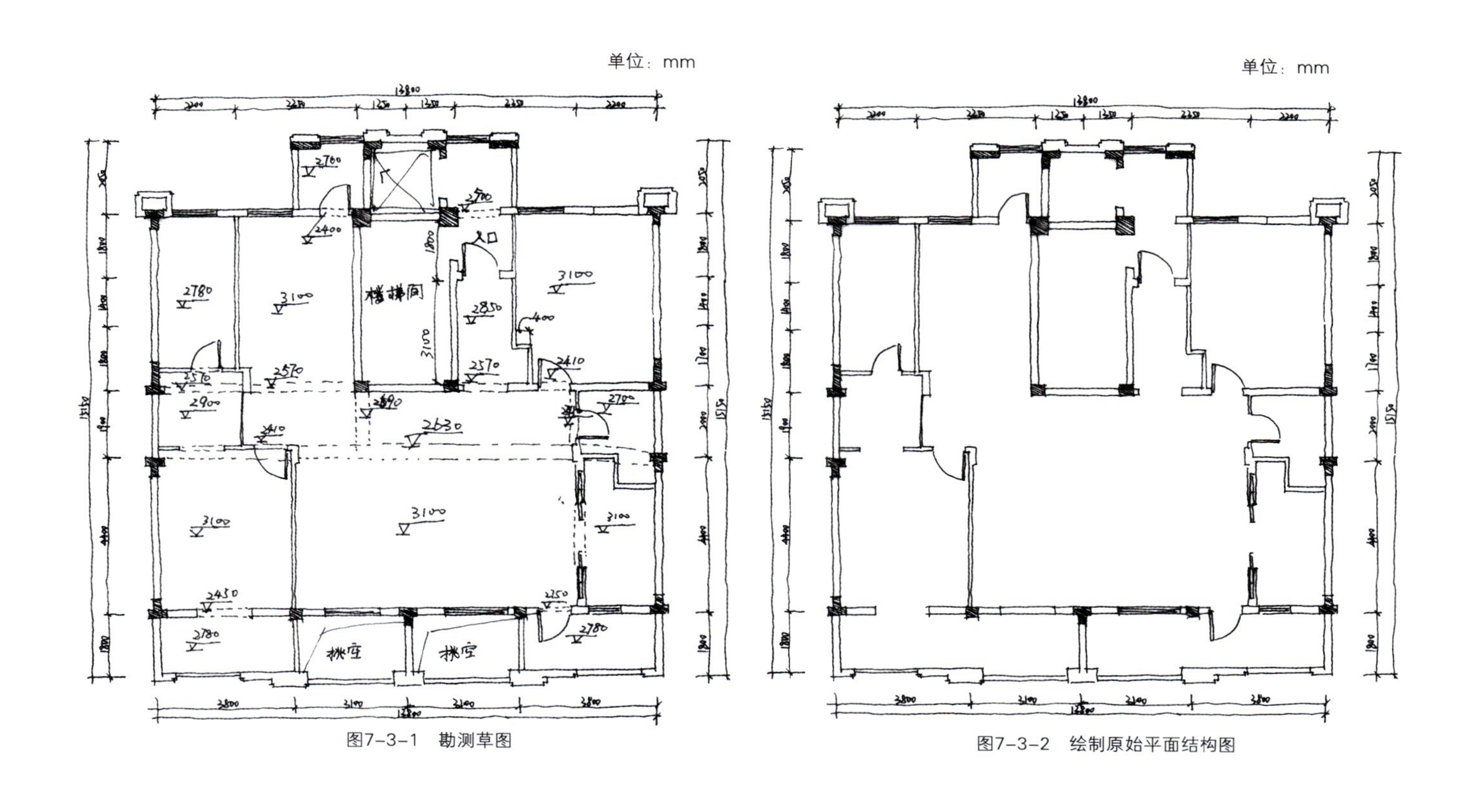

图7-3-1 勘测草图

图7-3-2 绘制原始平面结构图

图7-3-3 设计意向图

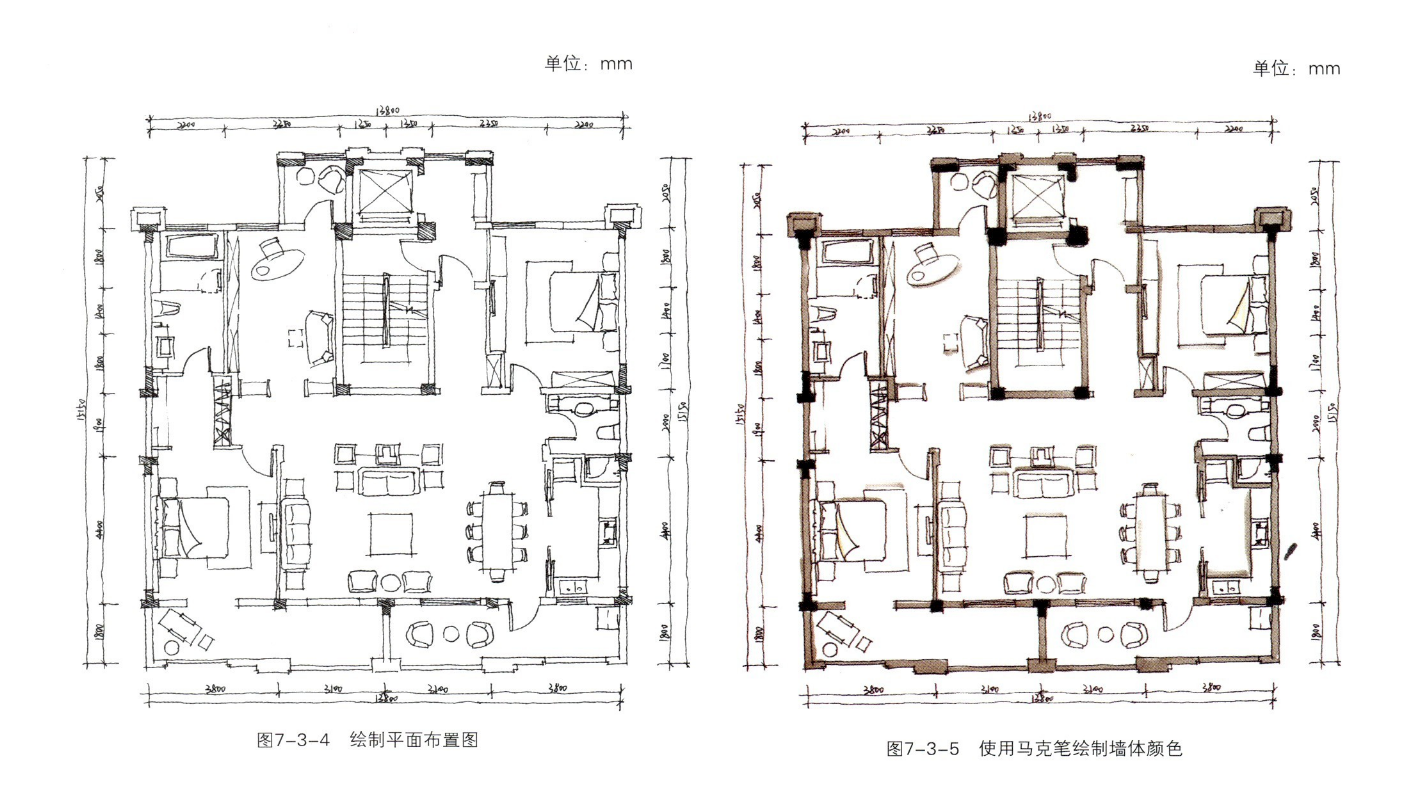

图7-3-4　绘制平面布置图

图7-3-5　使用马克笔绘制墙体颜色

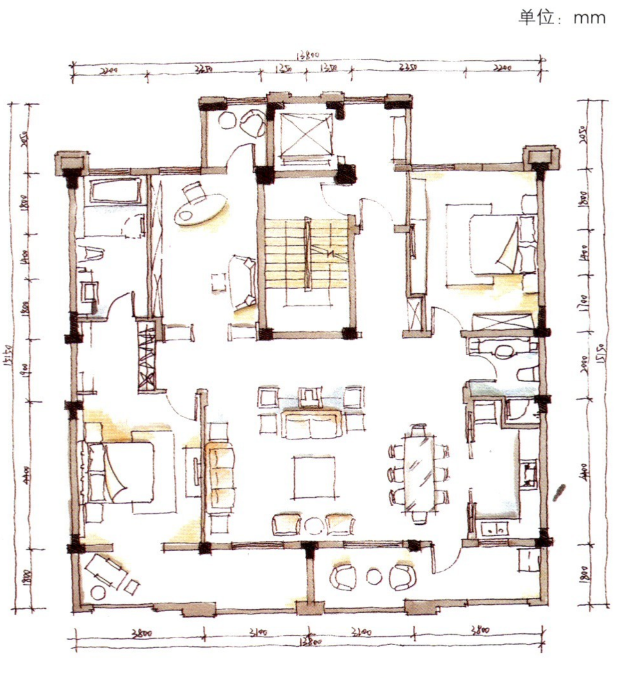

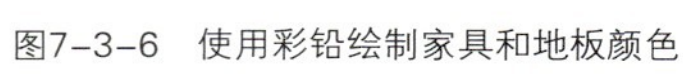

图7-3-6　使用彩铅绘制家具和地板颜色

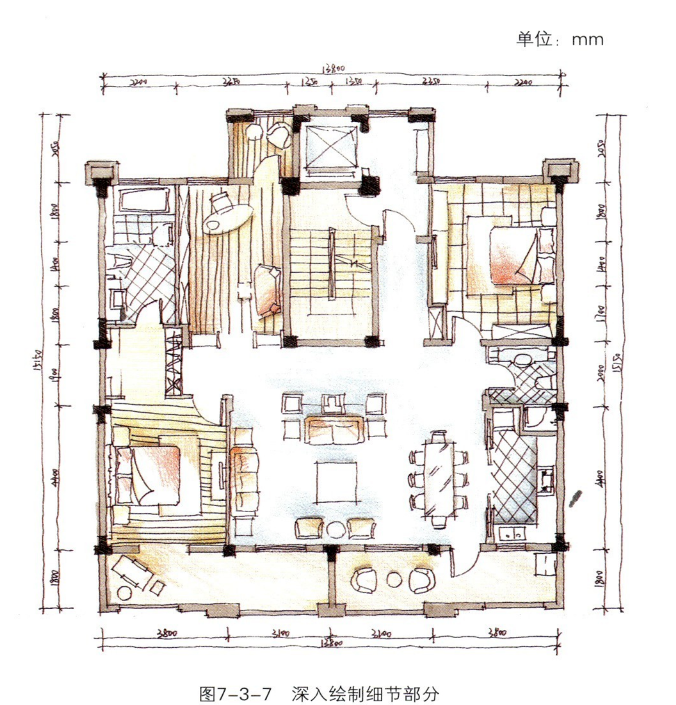

图7-3-7　深入绘制细节部分

单位：mm

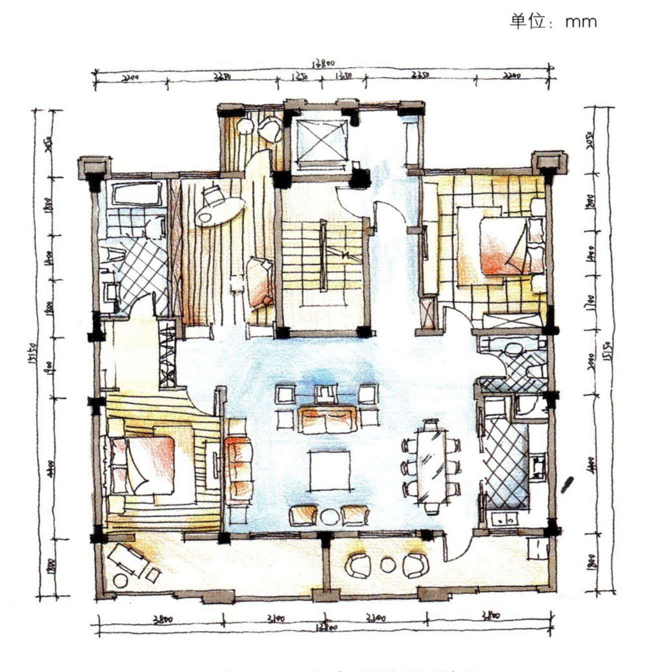

图7-3-8 完成平面布置图绘制

单位：mm

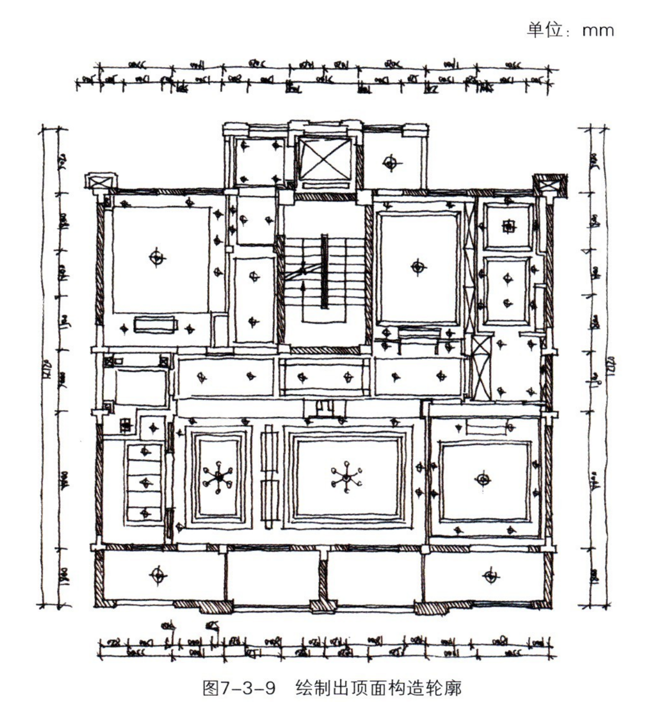

图7-3-9 绘制出顶面构造轮廓

单位：mm

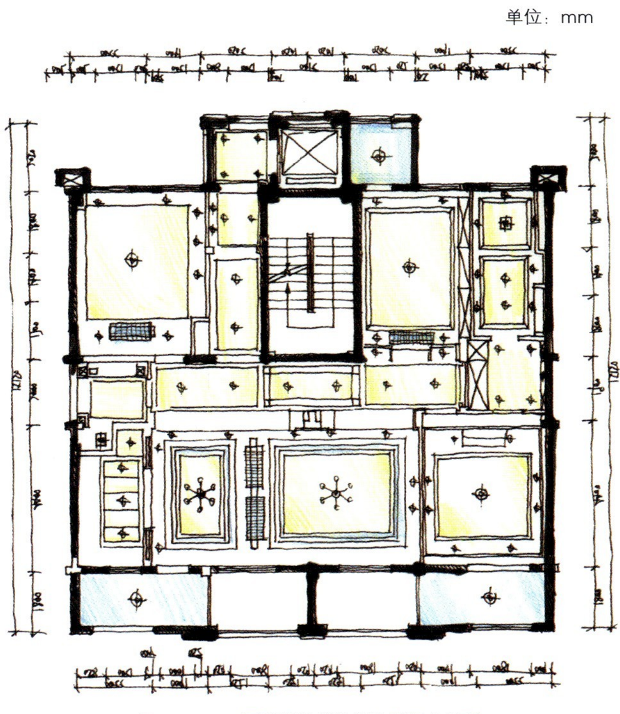

图7-3-10 用彩铅简单绘制色彩区分材质

图7-3-11　绘出立面造型轮廓

单位：mm

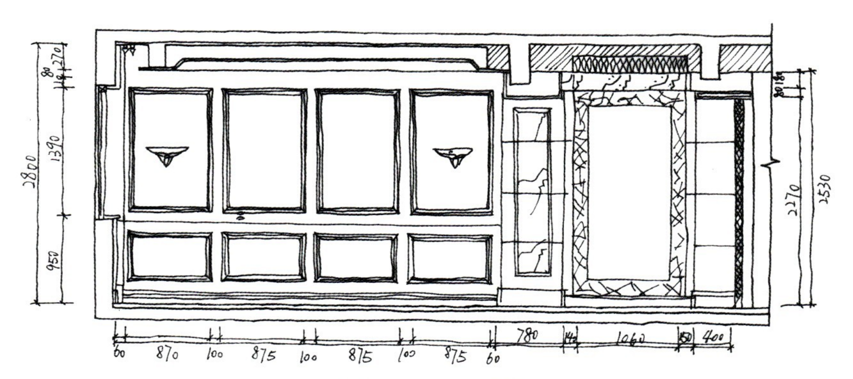

图7-3-12　绘制出立面尺寸

单位：mm

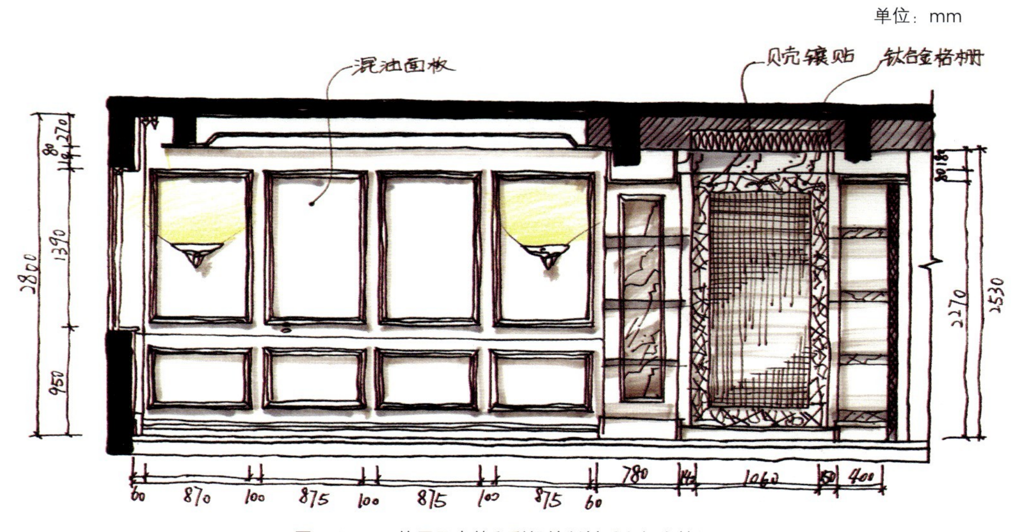

图7-3-13　使用马克笔和彩铅绘制材质和灯光效果

单位：mm

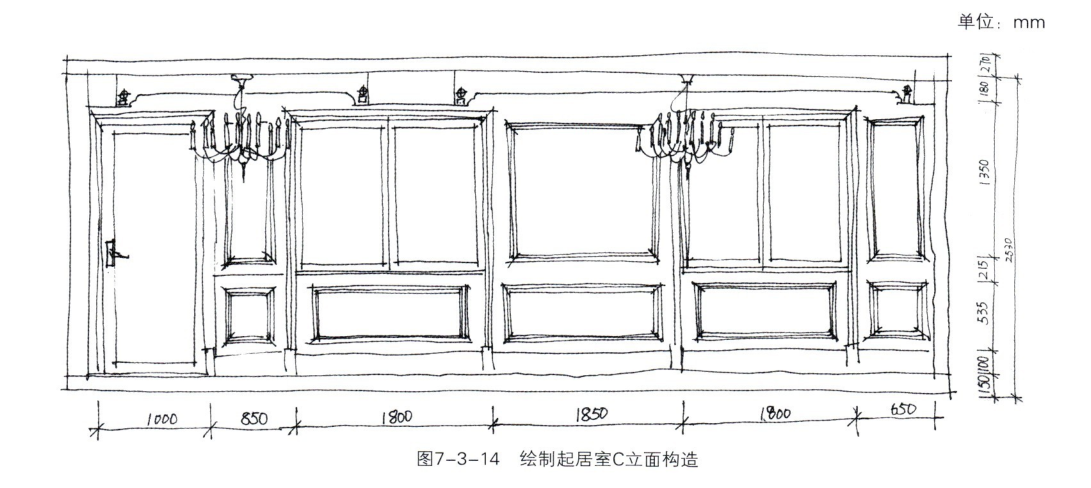

图7-3-14 绘制起居室C立面构造

单位：mm

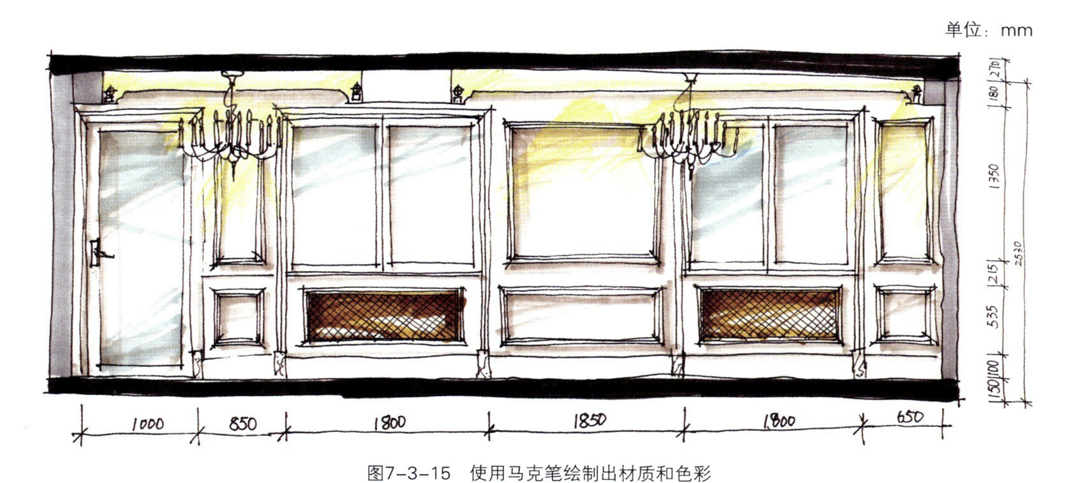

图7-3-15 使用马克笔绘制出材质和色彩

单位：mm

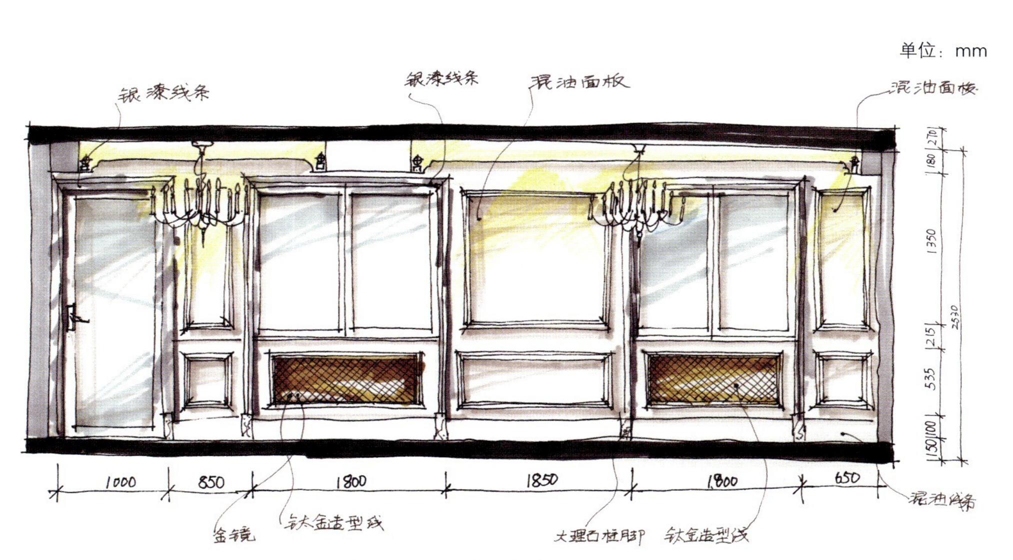

图7-3-16 标出做法和材质

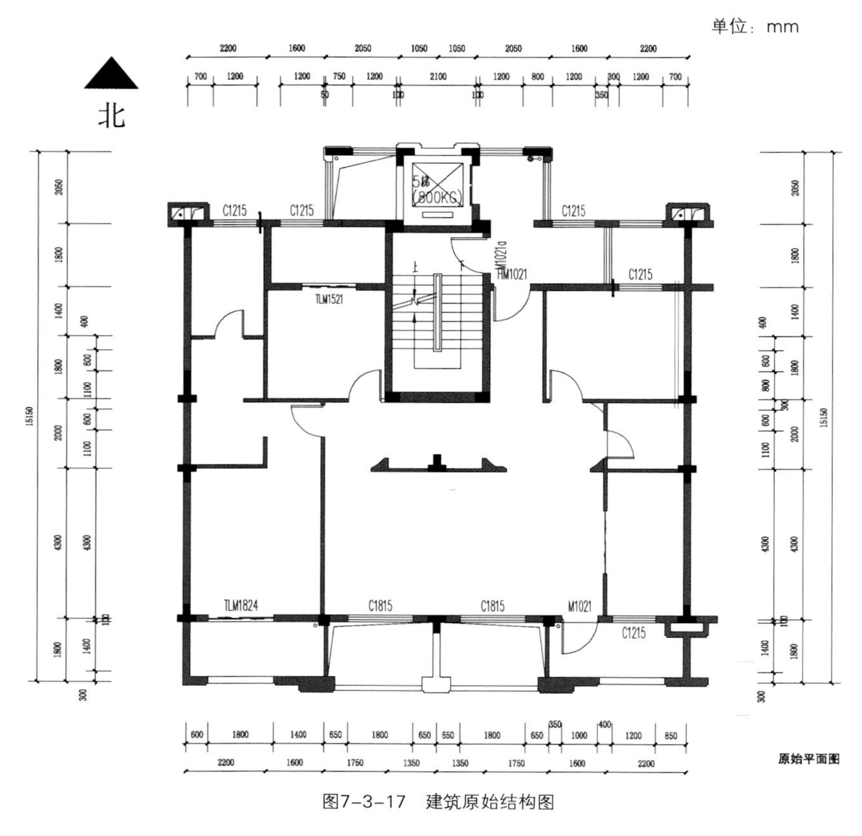

图7-3-17　建筑原始结构图

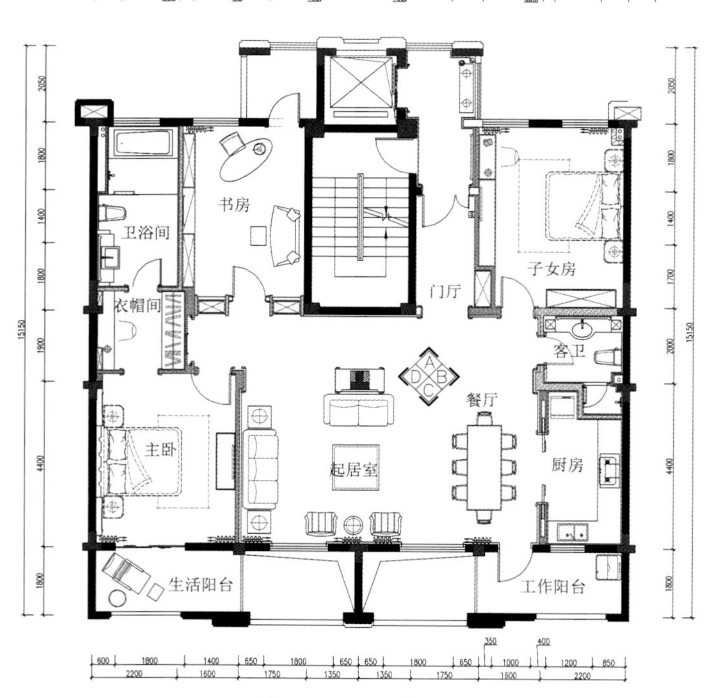

图7-3-18　平面布置图

3.3 施工图绘制阶段

与业主沟通后，修改、确定设计方案，绘制平面图、立面图、顶面图等（图7-3-17至图7-3-24）。

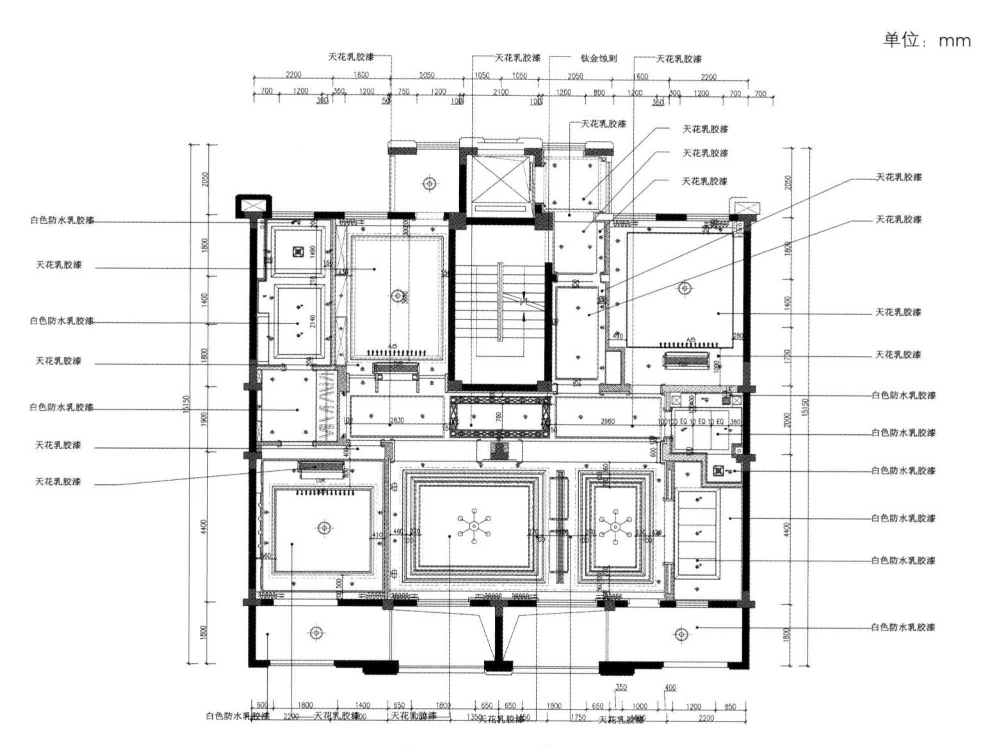

图7–3–19 顶面布置图

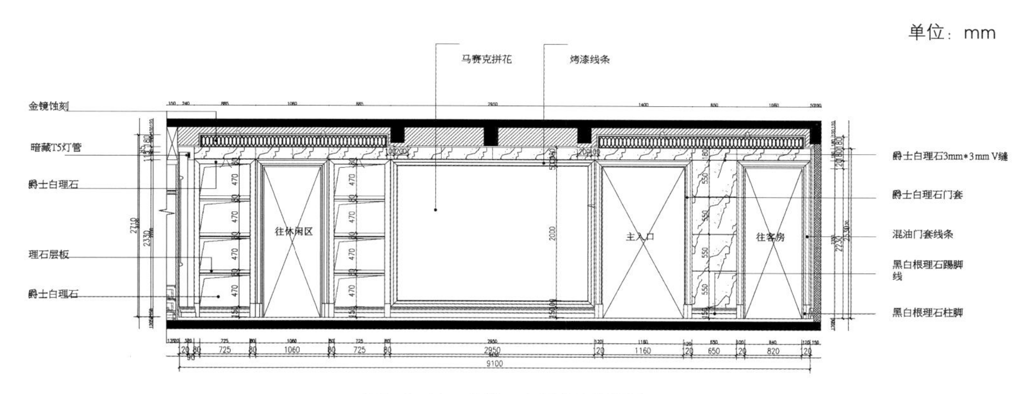

图7–3–20 走道、起居室A立面图

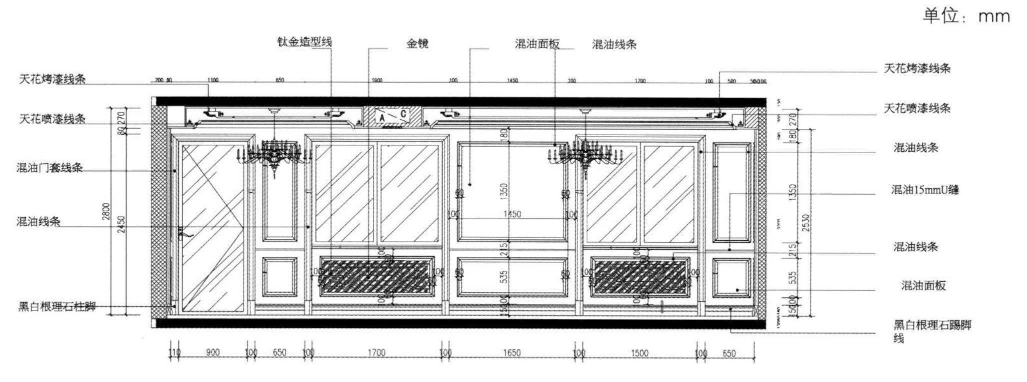

图7–3–21 起居室C立面图

单位：mm

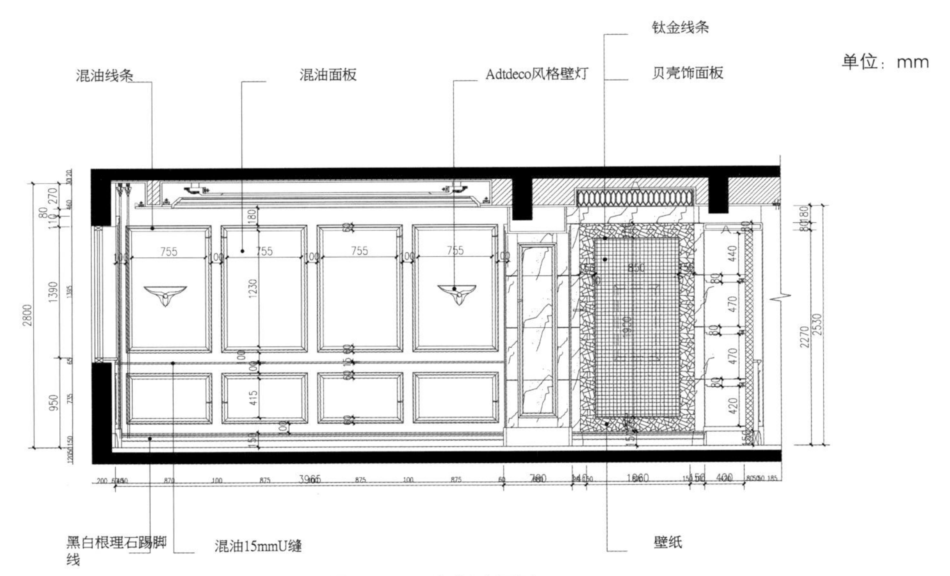

图7-3-22　走道B立面图

单位：mm

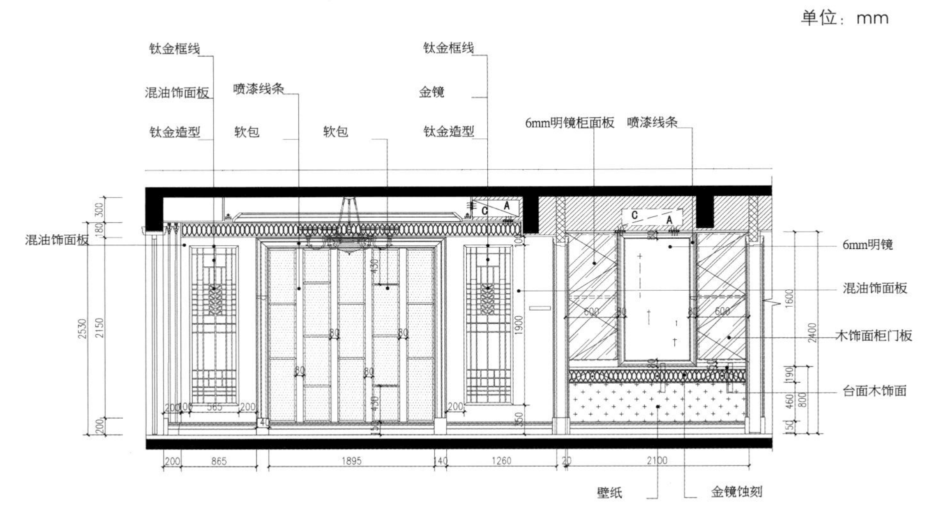

图7-3-23　主卧A立面图

单位：mm

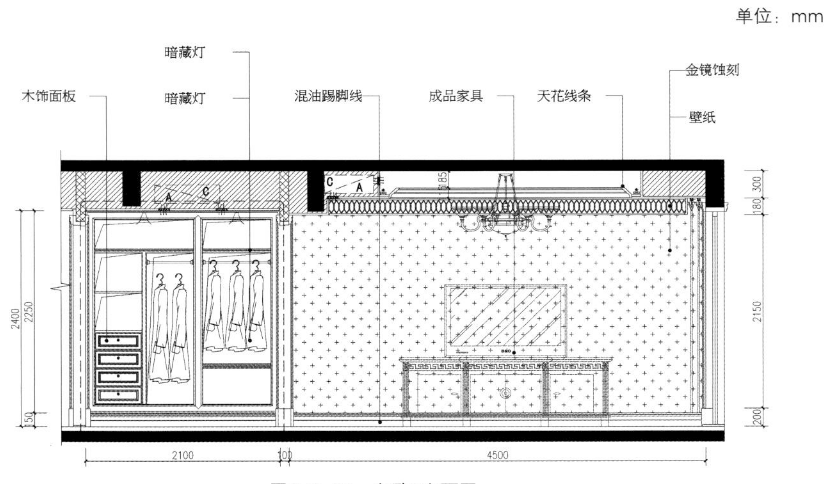

图7-3-24　主卧B立面图

3.4 设计成果阶段

设计成果展示（图7-3-25至图7-3-28）。

图7-3-25　起居室效果图

图7-3-26　餐厅效果图

图7-3-27　主卧效果图

图7-3-28　主卫效果图

附录一

居住空间家具与装饰常用基本尺寸

一、客厅（单位：mm）

名称	长度	深度	坐位高	背高
一般沙发		800～900	350～420	700～900
单人式	800～950	850～900	350～420	700～900
双人式	1260～1500	800～900		
三人式	1750～1960	800～900		
四人式	2320～2520	800～900		
茶几尺寸：茶几高度一般在330～420mm，但边角茶几有时稍高一些，为430～500mm				
沙发和茶几之间的距离一般控制在300mm比较合适				
一般电视机和沙发之间最短距离控制在2000mm				
放置台式电视机的柜台高度，一般控制在400～1200mm之间				
液晶电视机壁挂高度一般控制在电视机屏幕的中心点和观看电视时的视线平行，一般在1100mm，常规控制在1000～1500mm				

二、餐厅（单位：mm）

餐桌高：750～790				
餐椅高：450～500				
圆桌直径：二人500，三人800，四人900，五人1100，六人1100～1250，八人1300，十人1500，十二人1800				
方餐桌尺寸：二人700×850，四人1350×850，八人2250×850				
餐桌转盘直径：700～800　餐桌间距：（其中座椅占500）应大于500				
酒吧台：高900～1050，宽500				
酒吧凳高：600～750				

三、卧室（单位：mm）

名称	宽度	长度	高度
单人床	900、1050、1200	1800、1860、2000、2100	350～450
双人床	1350、1500、1800	1800、1860、2000、2100	350～450
圆床	直径1860、2125、2424		
矮柜	柜门300～600	350～450（深度）	高度根据实际情况
衣柜	柜门400～650	550～650（深度）	高度根据实际情况

续表

四、书房（单位：mm）				
名称	**宽度**	**长度**	**高度**	**深度**
书桌固定式			750	450～700（600最佳）
书桌活动式			750～780	650～800
书桌下缘离地至少580；长度最少900（1500～1800最佳）				
书柜			高度根据实际情况	250～400
五、卫生间（单位：mm）				
卫生间面积：3～$5m^2$				
浴缸长度：一般有三种1220、1520、1680；宽720，高450				
坐便：750×350				
冲洗器：690×350				
盥洗盆：550×410				
淋浴器高：2100				
六、交通空间（单位：mm）				
名称	**宽度**	**长度**	**高度**	**深度**
踏步	高150～160、长990～1150、宽250；扶手宽100、扶手间距200、中间的休息平台宽1000			
玄关	1000以上			
走廊高：等于或大于2400				
两侧设座的综合式走廊宽度：等于或大于2500				
楼梯跑道净空：等于或大于2300				
楼梯间休息平台净空：等于或大于2100				
七、门、窗（单位：mm）				
名称	**宽度**	**长度**	**高度**	**深度**
大门	900～950		2000～2400	
室内门	800～900		1900～2400	
厕所、厨房门	700～900		1900～2400	
室内窗	高1000，左右窗台距地面高度900～1000			
窗帘盒	单层布120；双层布160～180			120～180
八、墙面（单位：mm）				
支撑墙体厚：240～280				
室内隔墙断墙体厚：60～120				
踢脚板高：60～200（根据风格效果具体调整）				
墙裙高：800～1500				
挂镜线高：1600～1800(画中心距地面高度)				

续表

九、灯具开关等设备安装尺寸（单位：mm）				
照明开关一般高：1300				
电器插座一般高：300（另外高度，则根据实际生活使用需要调整，如床头柜插座，一般高于床头柜，控制在600左右）				
空调插座一般高：1800～2200				
大吊灯最小高度：2400				
壁灯一般高：1500～1800；床头壁灯高：1200～1400				
反光灯槽最小直径：等于或大于灯管直径的两倍				
十、电器（单位：mm）				
电视机（一般外观参考尺寸长×宽×厚度，液晶电视的厚度与LED差别，下表为液晶电视的一般尺寸；LED电视厚度30mm左右 ）				
型号	**长×宽×厚（含底座）**		**长×宽×厚（含底座）**	
20寸	529×395×174		529×393×83	
32寸	809×584×242		809×542×99	
37寸	931×656×279		931×609×110	
40寸	986×684×279		986×646×110	
42寸	1046×716×262		1046×645×110	
46寸	1120×782×307		1120×742×115	
52寸	1278×874×384		1278×832×123	
冰箱：				
单开门尺寸（深×宽×高）	620×555×1665	660×531×1503	625×565×1705	625×565×1775
双开门尺寸（深×宽×高）	650×635×1710	736×890×1770	736×890×1770	770×910×1770
洗衣机：				
直桶式尺寸（长×宽×高）	520×615×935	520×530×890	740×438×920	500×510×888
滚桶式尺寸（高×长×厚）	840×595×570	850×595×398	850×595×590	850×595×535
空调：				
挂式尺寸（宽×深×高）	795×211×272	900×200×308		
立式尺寸（宽×深×高）	530×310×1810	500×278×1820		

思考与练习

1. 试述大户型空间的类型及设计要点。
2. 根据案例一的内容，解析、复原设计方案。
3. 根据大户型户主空间设计实训的步骤，完成180m^{2}左右户型的方案设计。

参考文献

[1] 张绮曼，郑曙旸．室内设计资料集[M]．北京：中国建筑工业出版社，1991．

[2] 来增祥，陆震纬．室内设计原理[M]．北京：中国建筑工业出版社，2006．

[3] 朱达黄．居住空间设计[M]．上海：上海人民美术出版社，2010．

[4] 孔小丹，戴素芬．居住空间设计实训[M]．上海：东方出版中心，2009．

[5] 深圳视界文化传播有限公司．小户型　大设计[M]．长沙：湖南人民出版社，2013．

[6] 刘杰，李蔚，洪韬．居住空间室内设计[M]．长春：东北师范大学出版社，2011．

[7] 刘怀敏．居住空间设计[M]．北京：机械工业出版社，2012．

[8] 周燕珉．住宅精细化设计[M]．北京：中国建筑工业出版社，2008．

[9] 丰明高，张塔洪．家居空间设计[M]．长沙：湖南大学出版社，2009．

[10] 黄春波，黄芳．现代居室空间设计与实训[M]．沈阳：辽宁美术出版社，2009．

[11] 康海飞．室内设计资料图集[M]．北京：中国建筑工业出版社，2009．

[12] 程大锦．图解室内设计[M]．天津：天津大学出版社，2010．

[13] 罗晓亮．室内设计实训[M]．北京：化学工业出版社，2010．

[14] 郭明珠，高景荣，冯宪伟．住宅室内设计实训[M]．北京：北京工业大学出版社．2013．

[15] 英芭珂丽．室内设计师专用协调色搭配手册[M]．上海：上海人民美术出版社，2010．

[16] 王东梅．现代书房的概念及其设计理念[J]．淮北煤炭师范学院学报，2003．

[17] 周燕珉，刘凌晨．当代住宅卫生间设计探讨[J]．中国住宅设施，2003（6）：7–9．

[18] 张亚林．张亚林谈室内设计中的文化因素[J]．濮阳职业技术学院学报，2008（2）：15–19．

[19] 于飞．色彩在室内设计中的应用[J]．科教文汇（下旬刊），2009．

[20] 徐昊．有关绿色住宅设计中的几点思考[J]．现代装饰，2012．

[21] 深圳市艺力文化发展有限公司．第二十届亚太区室内设计大奖入围及获奖作品集——居住空间[M]．广州：华南理工大学出版社，2013．

[22] 翟东晓，深圳市创福美图文化发展有限公司．第十九届亚太区室内设计大奖入围及获奖作品集——居住空间[M]．大连：大连理工大学出版社，2012．